VHDL PRACTICE USING VIVADO

Vivado를 이용한 VHDL실습

박창욱 지음

HS 도서출판 한산

머 리 말

오늘날 소량 다품종의 비메모리 반도체를 상대적으로 적은 비용과 빠른 시간에 구현하여 ASIC(Application Specific Integrated Circuit) 전단계의 테스트용으로 사용하거나 고가의 장비에 바로 사용할 수 있는 FPGA(Field Programmable Gate Array)에 대한 요구가 높다.

VHDL(Very High Speed Integrated Circuit Hardware Description Language)은 하드웨어 설계 언어로서 디지털회로를 보다 쉽게 설계하여 FPGA와 같은 하드웨어로 구현할 수 있도록 해주는 언어이다. 본 교재는 VHDL문법을 이해하고 예제와 과제를 통해서 학습할 수 있도록 구성되어 있다.

Vivado는 Xilinx사에서 제공하는 FPGA를 지원하기 위해 개발된 통합설계툴이다. VHDL을 이용하여 타깃 시스템을 설계하고, Behavioral Simulation, Design Implementation, Timing Simulation등을 수행할 수 있으며 최종적으로 내장된 프로그래머를 이용하여 FPGA에 비트파일을 프로그램 하여 원하는 타깃 시스템을 구현한다.

본 교재는 예제와 과제 등의 실습을 통해 기본적인 이론을 학습하고 Vivado 통합개발툴상에서 VHDL로 타깃 시스템의 설계를 직접 수행함으로서 전반적 기술을 익힐 수 있도록 기술하였다. 2년제 대학의 1학기는 보통 15주에서 16주 수업이 진행되는데 한 학기 수업을 진행할 수 있도록 구성하였다.

2021년 12월
저자 씀

차 례

1 LAB VHDL개요 및 Vivado 설치

1-1 실습목적

1. VHDL 개요
2. Vivado 설치

1-2 사용 장비 및 소모품

인터넷이 연결되어 있는 컴퓨터

1-3 실습개념

1. VHDL(Very High Speed Integrated Circuit Hardware Description Language)

VHDL은 초고속으로 동작하는 집적회로를 설계하는 하드웨어 언어이다. 하드웨어라는 것은 FPGA를 의미한다. FPGA안에는 수만 개에서 수백만 개의 셀들이 배치되어 있는데 이들 셀들의 기능을 정의하고 연결을 완성하면 하나의 디지털 시스템 즉 CPU, 메모리 등으로 사용할 수 있는 것이 된다. 기존의 디지털

회로 설계방식에 비해 컴퓨터 프로그램 방식으로 하드웨어 동작을 표현하기 때문에 손쉽게 테스트용이나 소량사용목적 등으로 많이 사용되고 있다. VHDL은 IEEE에 의해 표준화가 되어 특정업체의 제품에 국한되지 않고 게이트 레벨에서 시스템 레벨까지 다양한 하드웨어 회로의 구현이 가능하다.

2. FPGA(Field Programmable Gate Array)

FPGA는 PLD(Programmable Logic Device)의 한 종류로서 설계한 회로를 프로그램 하여 기능을 구현할 수 있는 하드웨어이다. ASIC(Application Specific Integrated Circuit)은 실제로 제작하기 전에 검증을 하기 어렵다는 단점이 있다. 시뮬레이션 검증만으로 실제 환경에서 사용하기에는 시간적 금전적 리스크가 크다고 할 수 있다. 반도체 라인에서 ASIC 제작 전에 타당성 검증을 위해서 FPGA가 사용되거나 수요가 적어서 대량생산하기에는 무리가 있는 경우 최종제품으로 FPGA를 사용한다. FPGA는 재 프로그램이 가능하기 때문에 실제 환경에서 사용해보고 문제점이 발견되면 다시 수정을 할 수 있다. FPGA 한 개의 가격은 높지만 빠른 시간에 기능을 구현할 수 있어서 ASIC 양산 전 실험단계, 혹은 소량제품생산에서 많이 사용되고 있다.

3. Vivado 설치

Vivado는 Xilinx사에서 그 회사의 FPGA를 지원하기 위해 개발된 프로그램이다. Schematic 방식이나 Verilog 또는 VHDL을 이용하여 타깃시스템을 디자인하고, Behavioral Simulation, Design Implementation, Timing Simulation등을 수행할 수 있는 소프트웨어 툴이며 최종적으로 프로그래머를 이용하여 FPGA에 비트파일을 설정할 수 있도록 구성된 통합개발환경을 제공한다.

3-1. 자일링스사의 홈페이지(www.xilinx.com)에 접속하라.

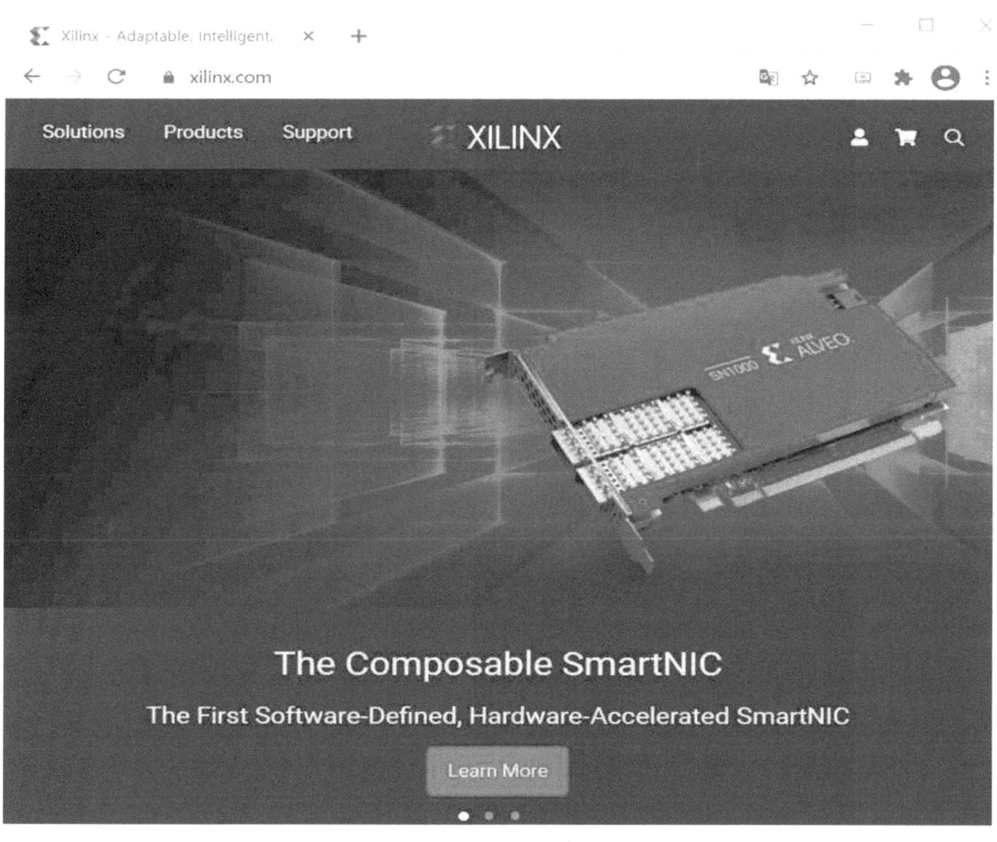

회원가입을 하기위해 오른쪽 상단의 눈사람모양을 클릭하고 login : Register를 선택하라.

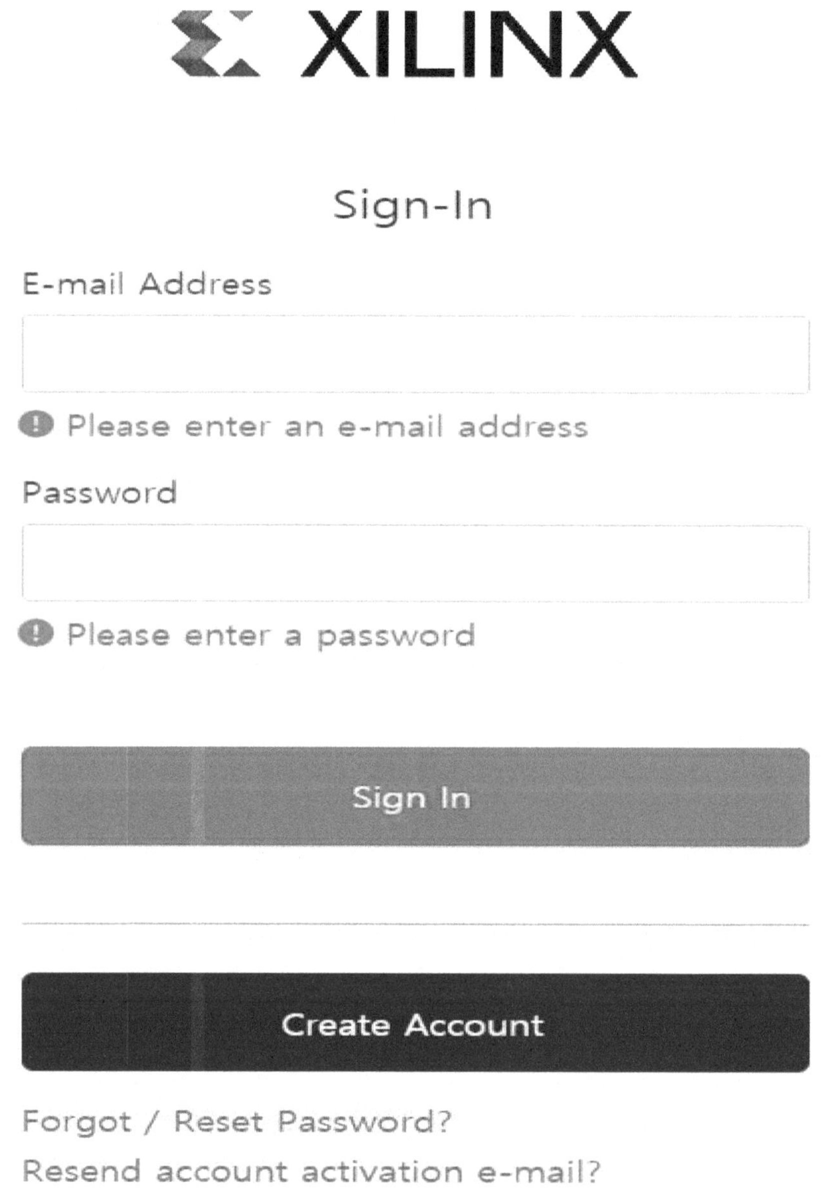

Create Account를 클릭하라.

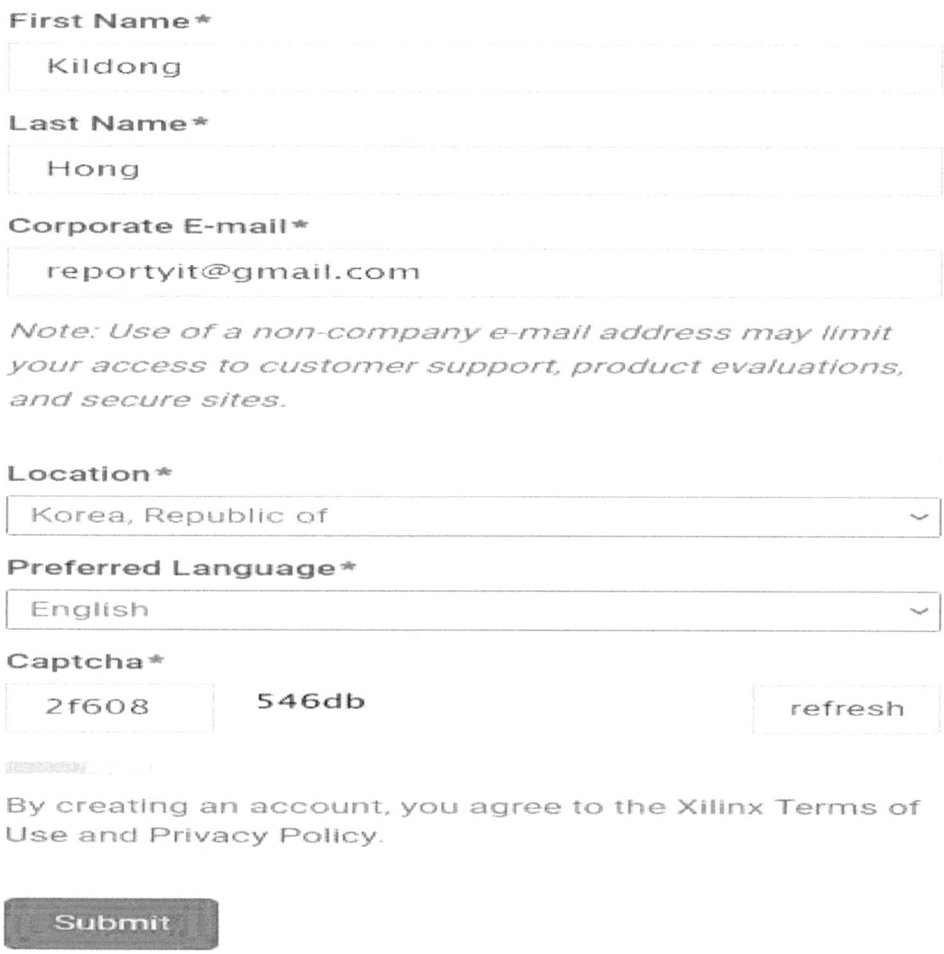

1. First Name에 영어 이름을 쓰라
2. Last Name에 성을 영어로 쓰라
3. Corporate E-mail은 사용하고 있는 이메일 주소를 사용해야 한다.
4. 보안코드까지 입력을 다 하였으면 하단의 Submit 버튼을 클릭한다.

본인이 신청한 이메일에서 Access Token을 복사하라.

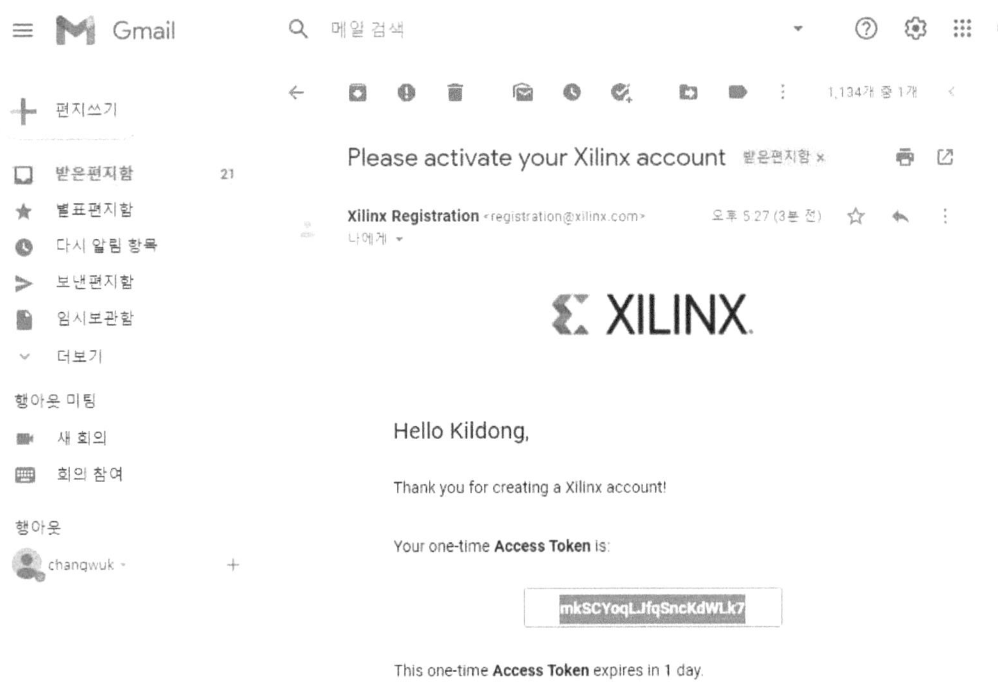

본인의 이메일에 로그인하여 Access Token을 확인하고 입력하고 password를 두 번 써주어야 한다.

이때 8문자 이상을 사용하고 대문자 1개 이상, 소문자 1개 이상, 숫자 1개 이상, 특수문자 1개 이상을 사용하여 비밀번호로 사용해야 한다.

이메일에서 복사한 Access Token을 Xilinx사의 페이지에서 붙여 넣고 비밀번호를 두 번 입력한 후 하단의 Activate Account를 클릭하라.

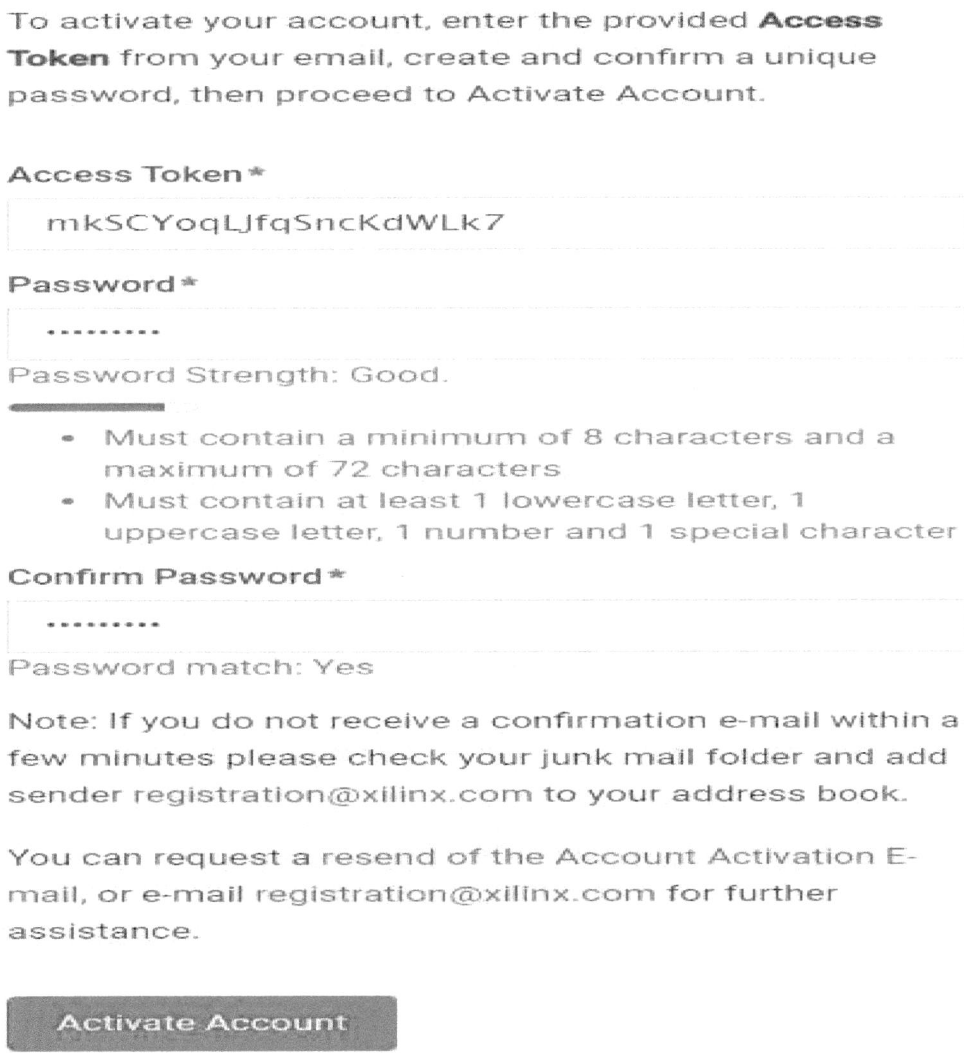

등록한 이메일 주소와 비밀번호를 입력하고 Sign in 버튼을 클릭하라.

3-2. 상단의 Support 탭을 클릭하고 “Support & Services”항목내의 Support를 클릭하라.

하단의 “Downloads & Licensing"을 클릭하라.

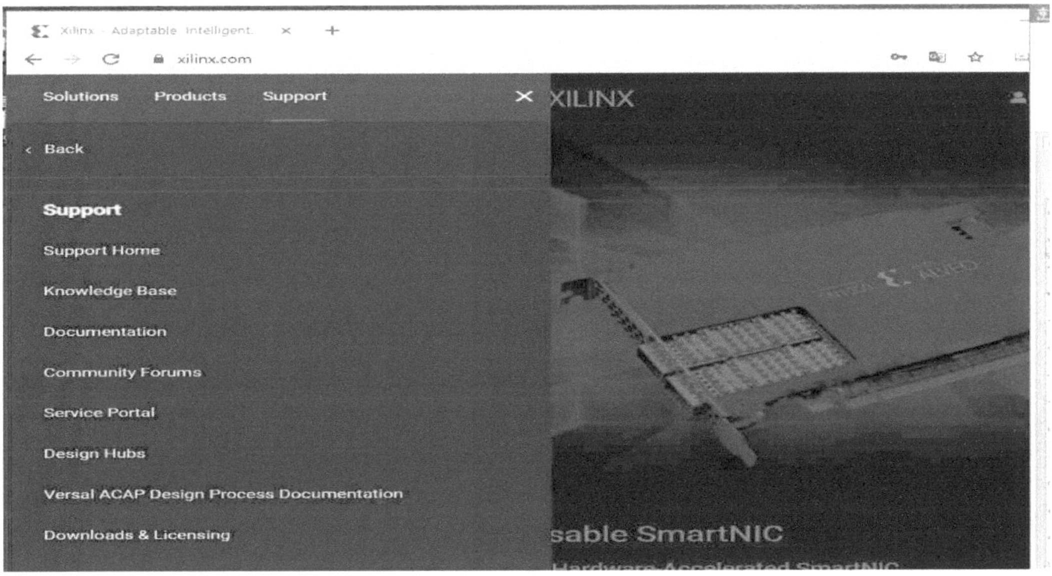

3-3. 화면 좌측의 중앙의 탭 중에서 “2019.2"를 클릭하라.

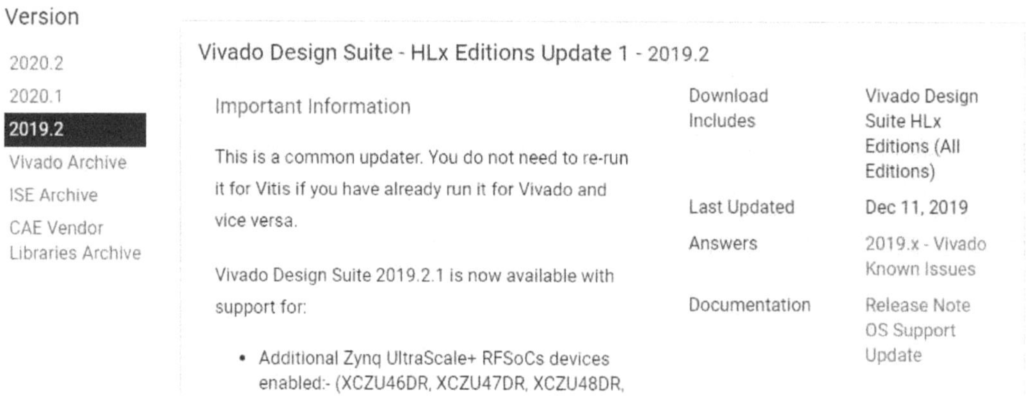

3-4 Xilinx Unified Installer 2019.2 : Windows Self Extracting Web Installer(EXE - 65.5 MB)를 선택한다.

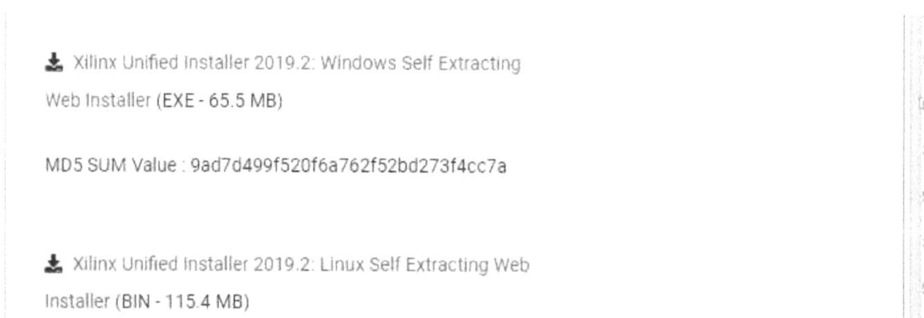

3-5. Name and Address Verification 에 입력을 한다.

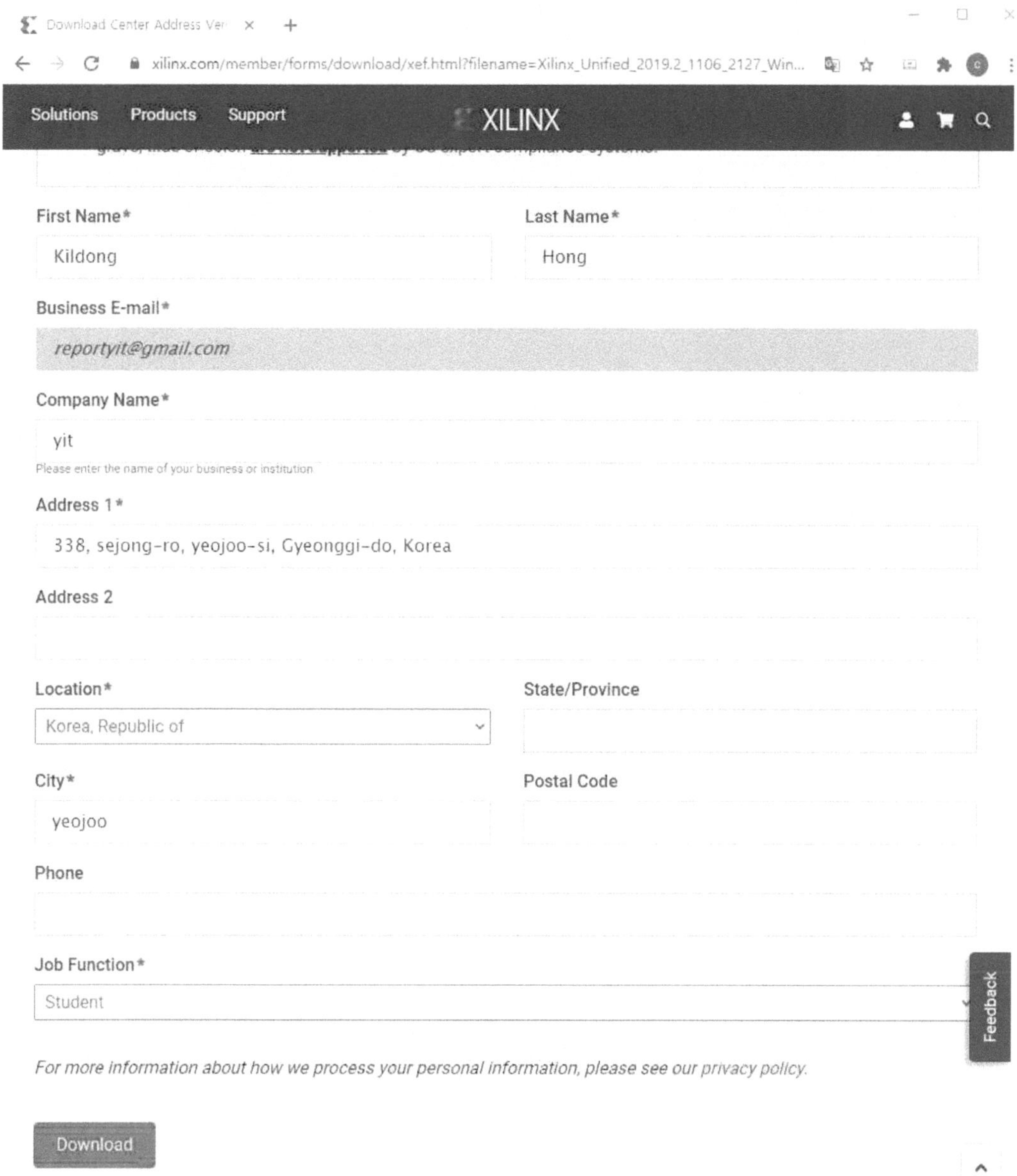

3-6. 하단에 다운받은 파일을 열면 다음과 같은 창이 실행된다.

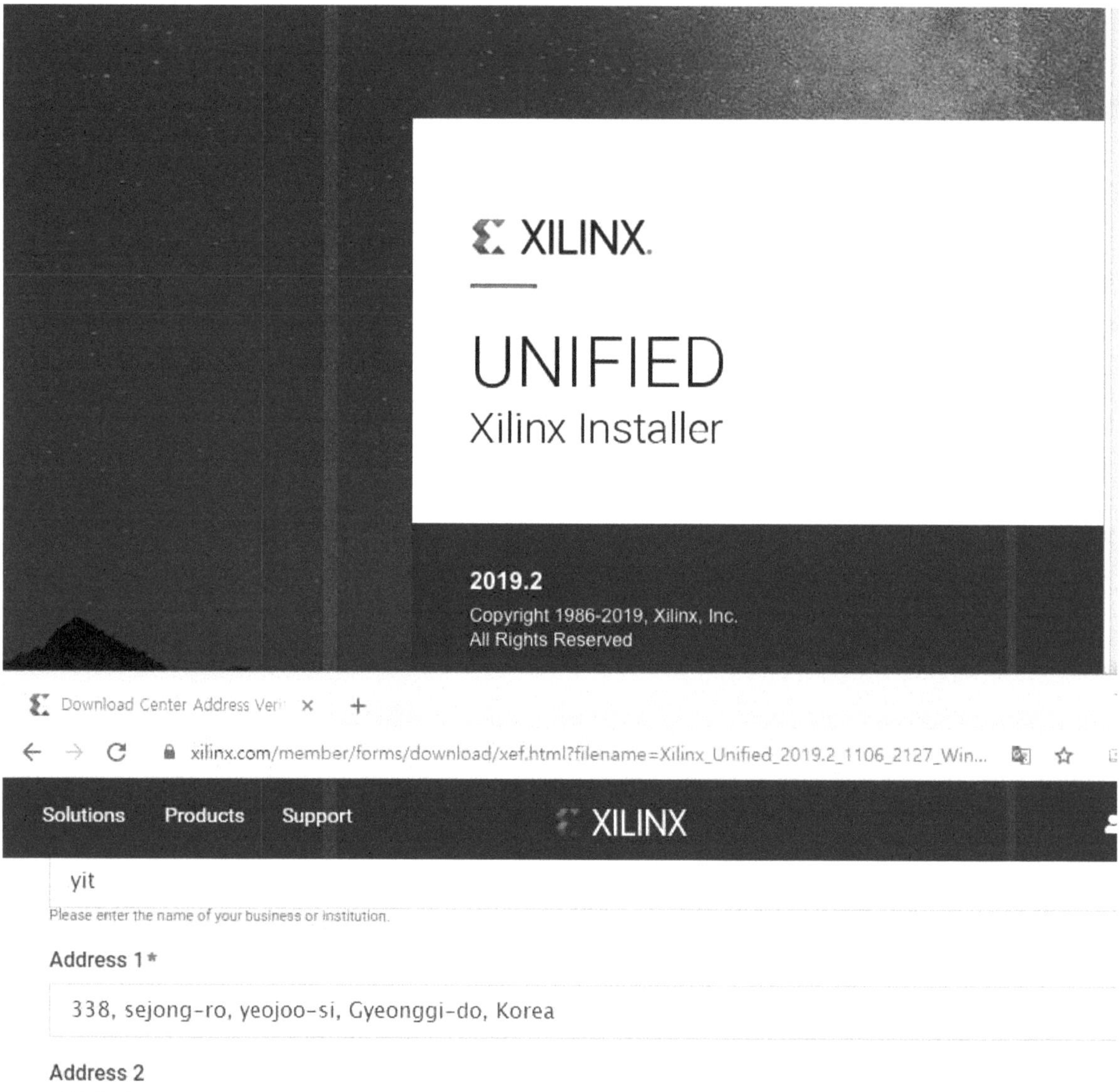

3-7. 최근 버전사용을 요구하는 창이 뜬다. Continue를 클릭한다.

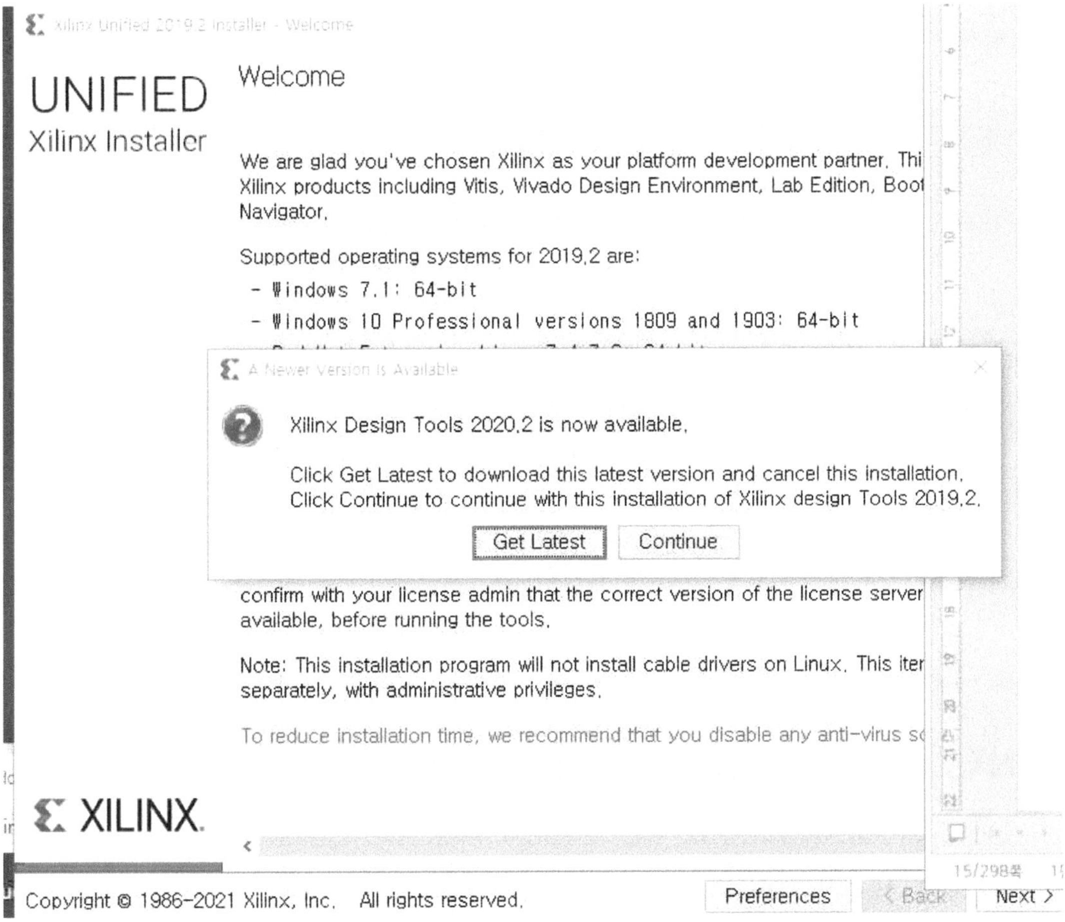

3-8. 하단의 'next' 버튼을 클릭한다.

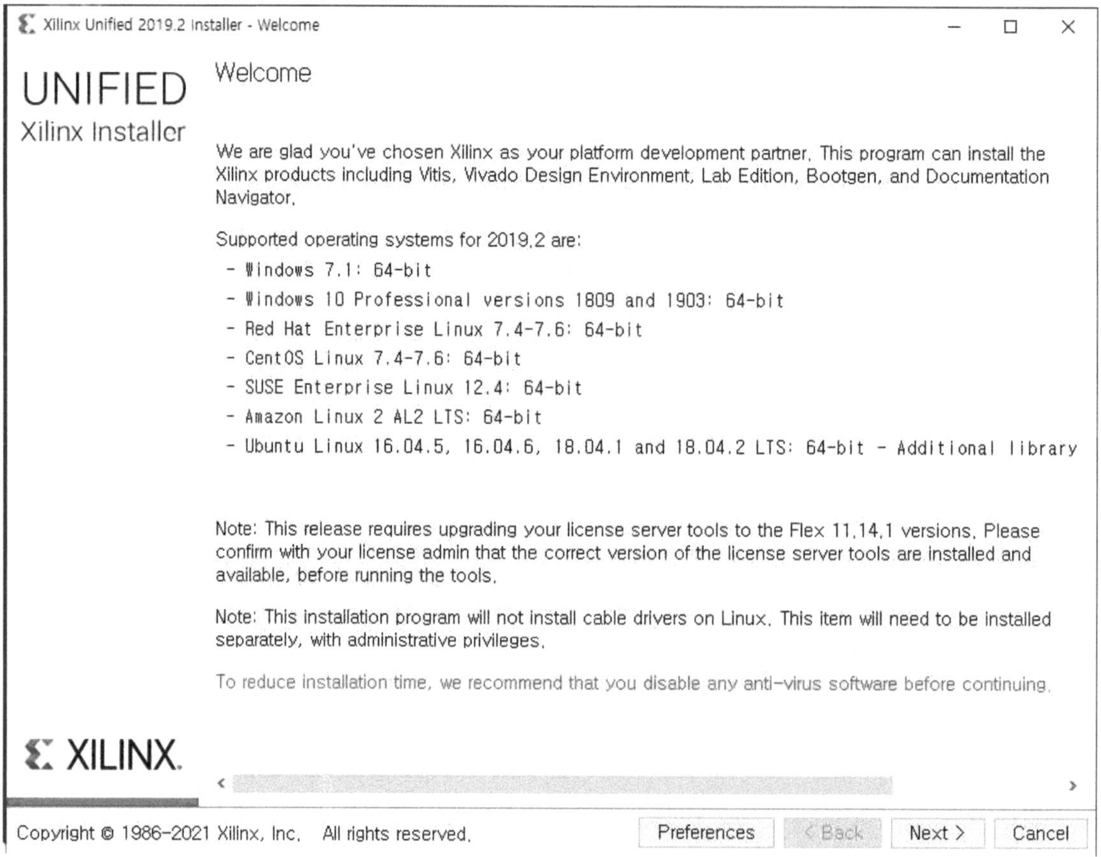

3-9. 라이선스 동의를 한 후 'next' 버튼을 클릭한다.

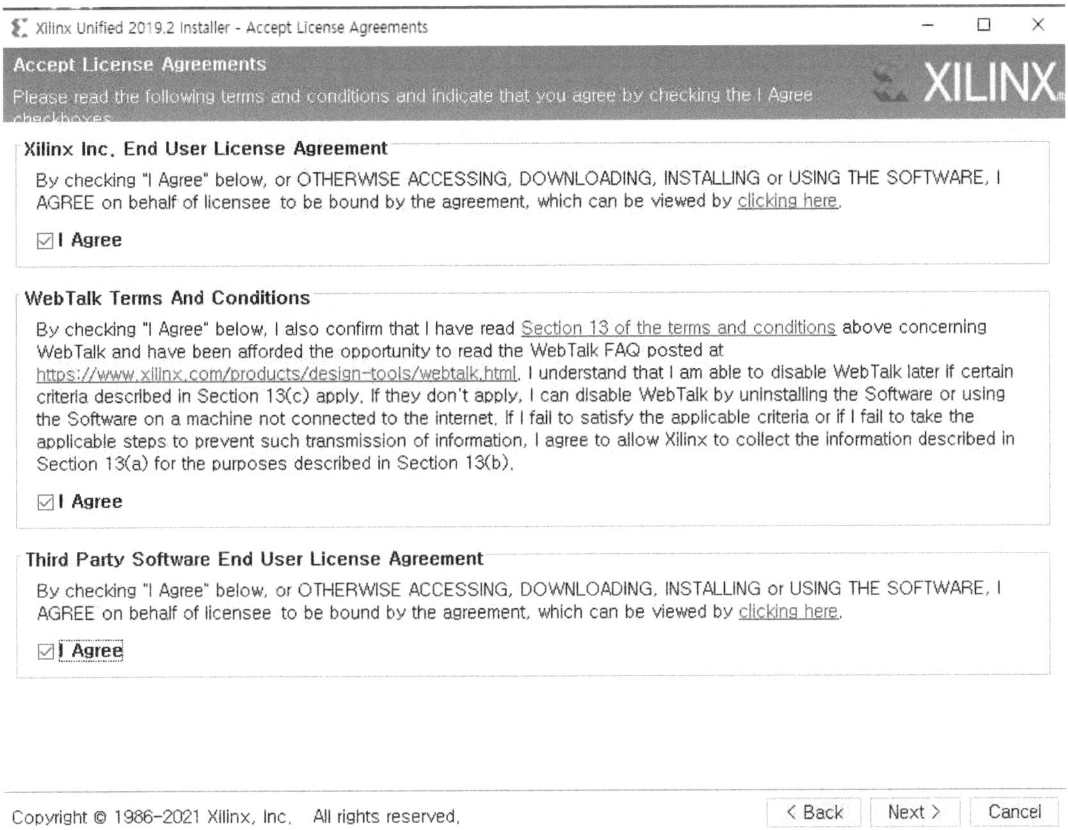

3-10. 설치 제품 선택 창에서 “Vivado”를 선택하고 ‘next' 버튼을 클릭한다.

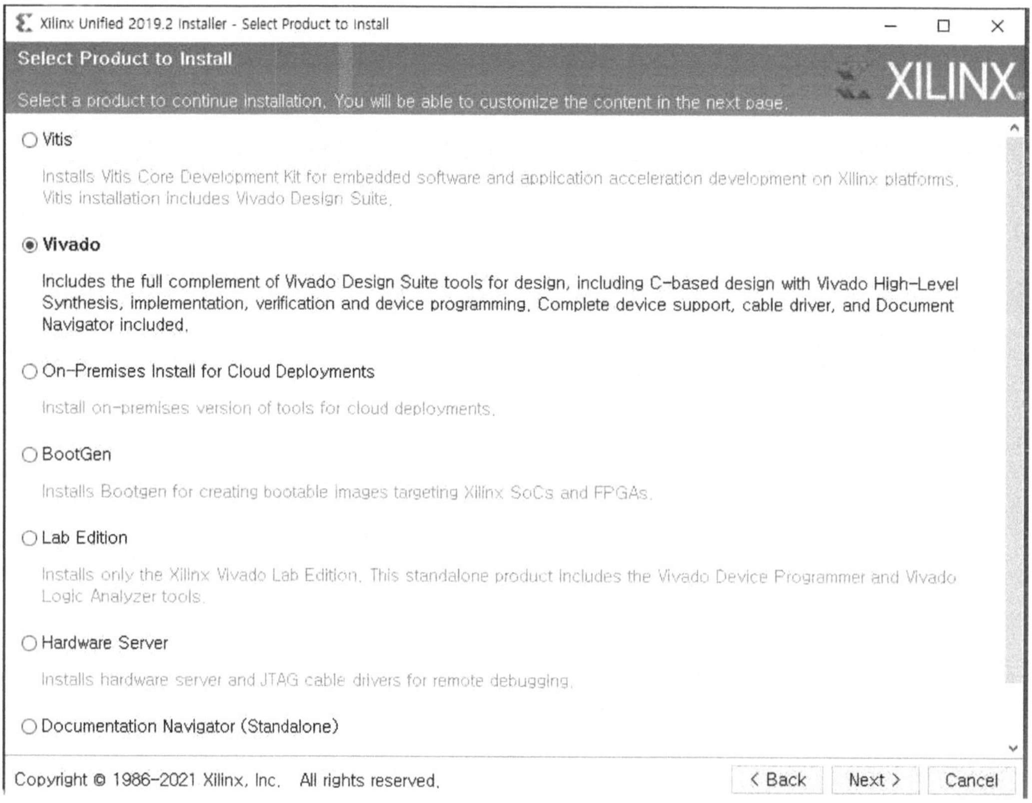

3-11. 설치 Edition 선택에 Vivado HL WebPACK을 선택한 후 'next' 버튼을 클릭한다.

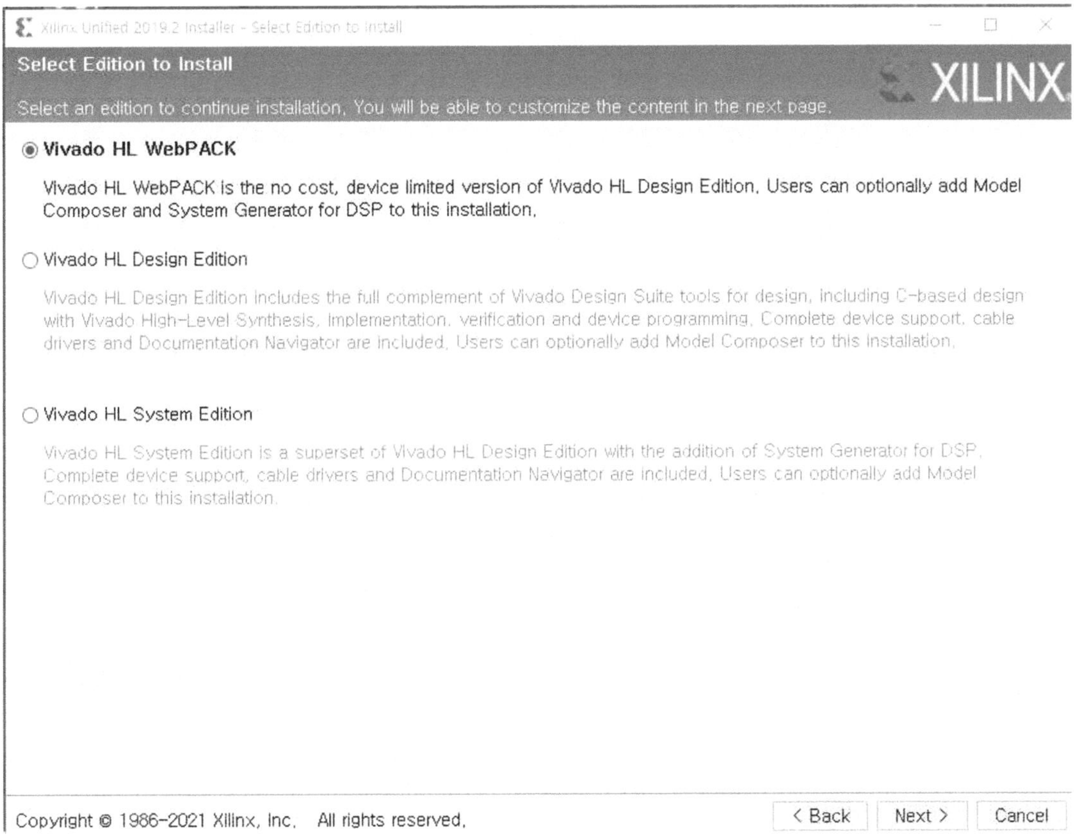

3-12. Vivado HL WebPACK 커스터마이즈 창이다.
'next' 버튼을 클릭한다.

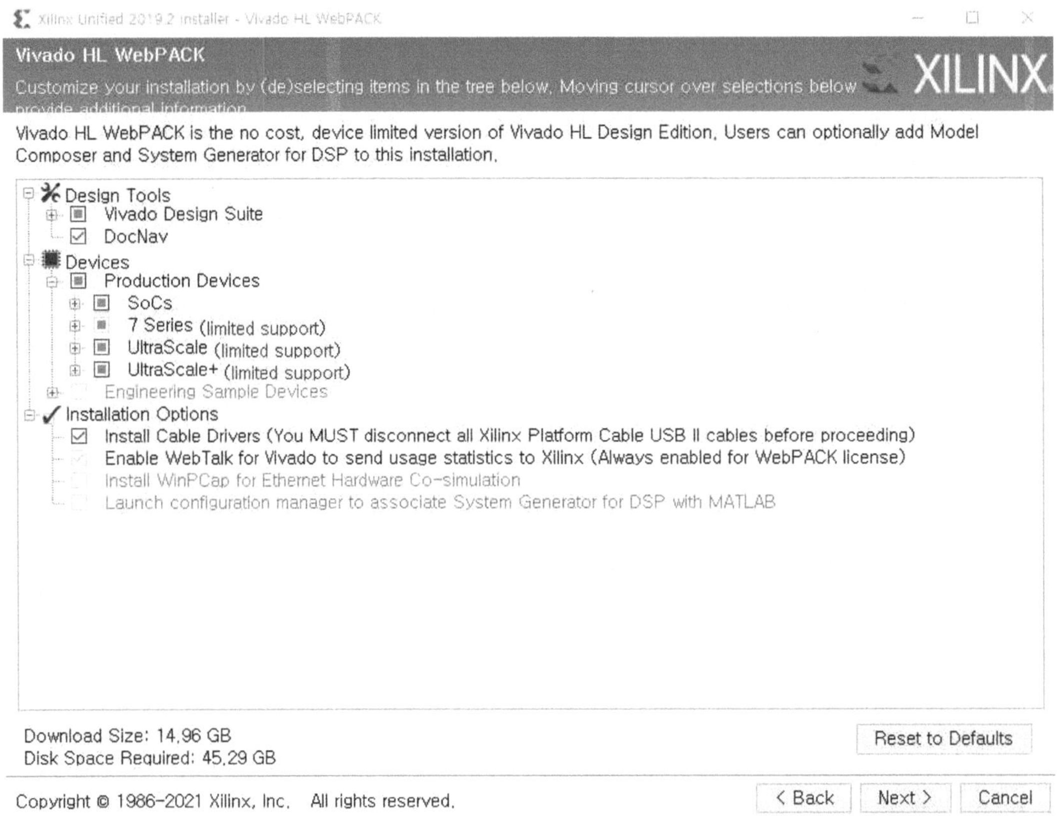

3-13. 설치디렉토리 설정단계이다.

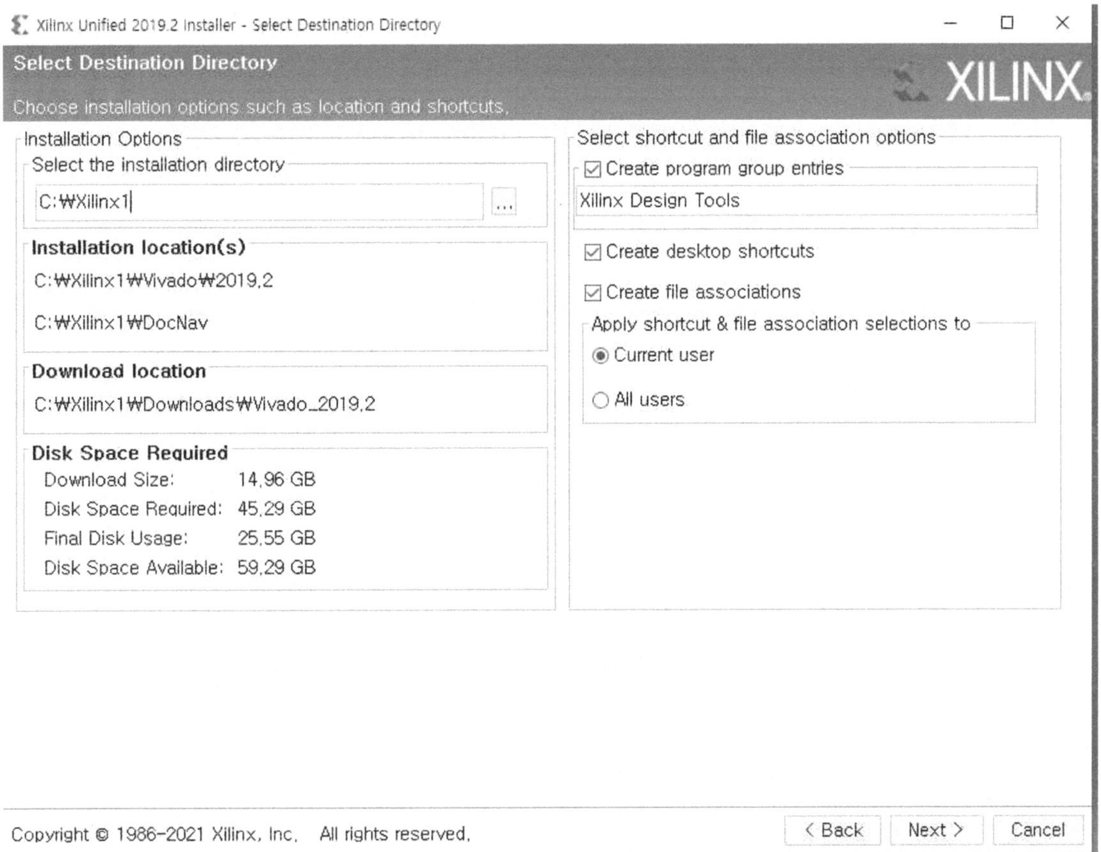

3-14. 인스톨 요약창을 확인하고 “Install" 버튼을 클릭한다.

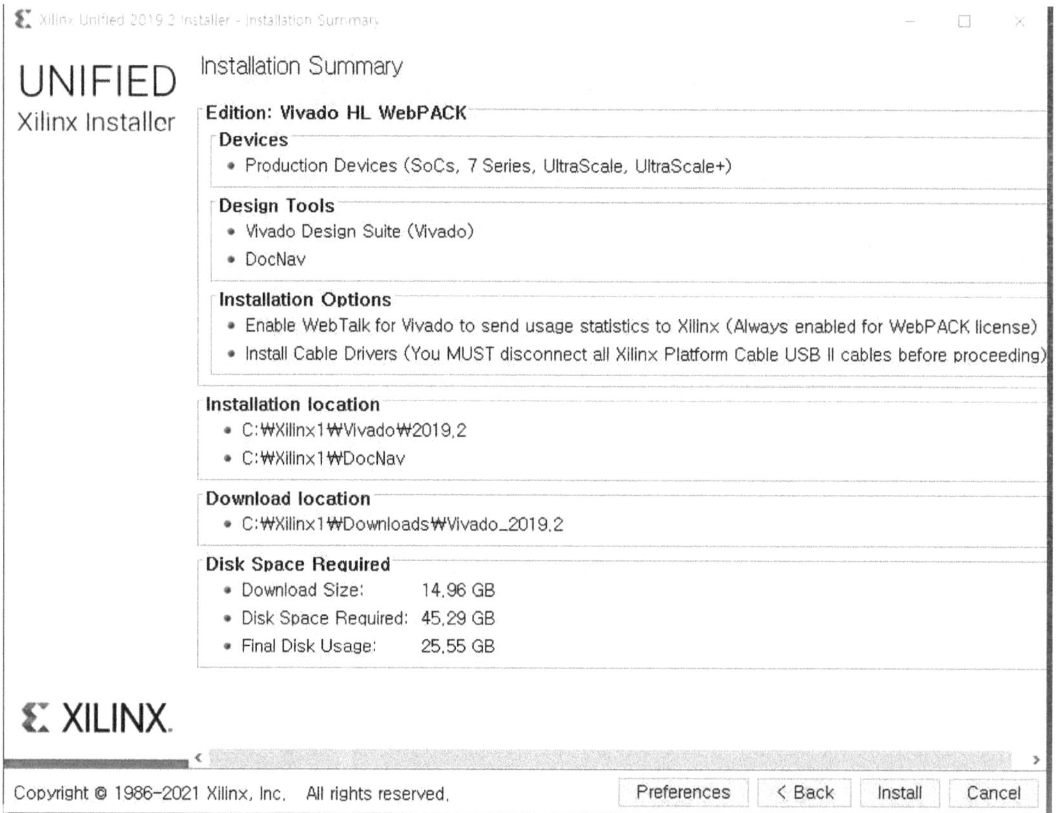

3-15. 다운로드를 진행하고 있다.

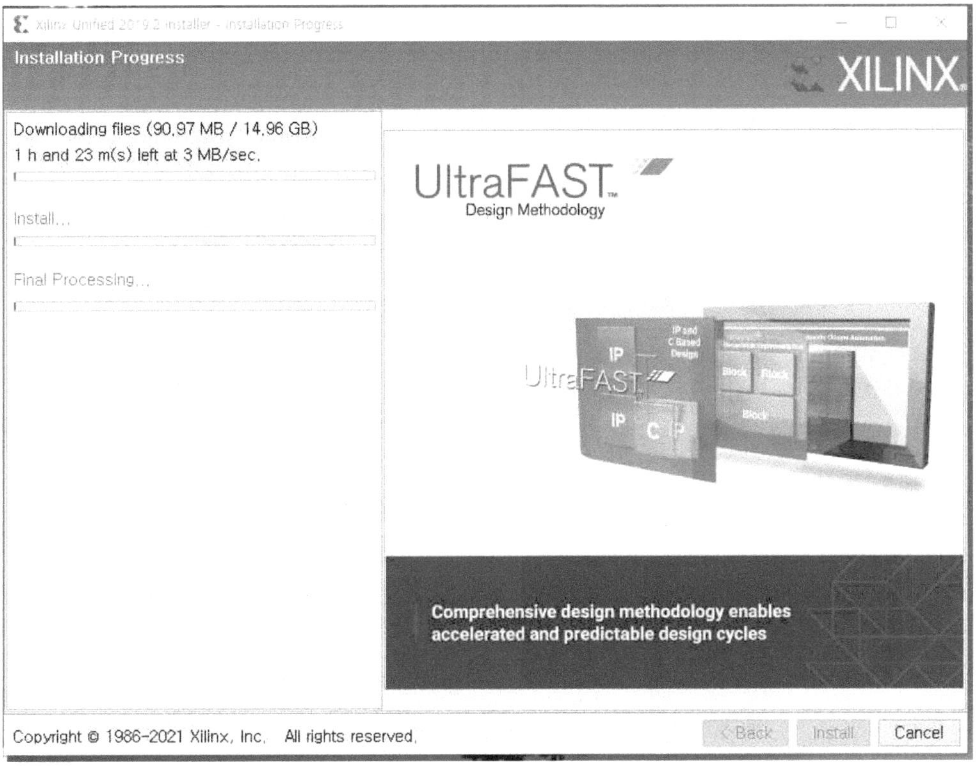

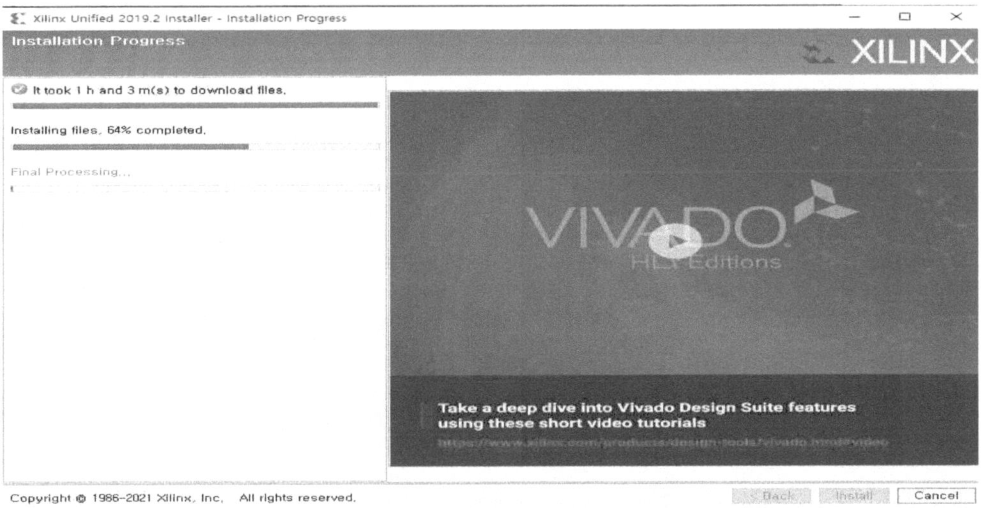

3-16. 다운로드후 자동 설치를 한다.

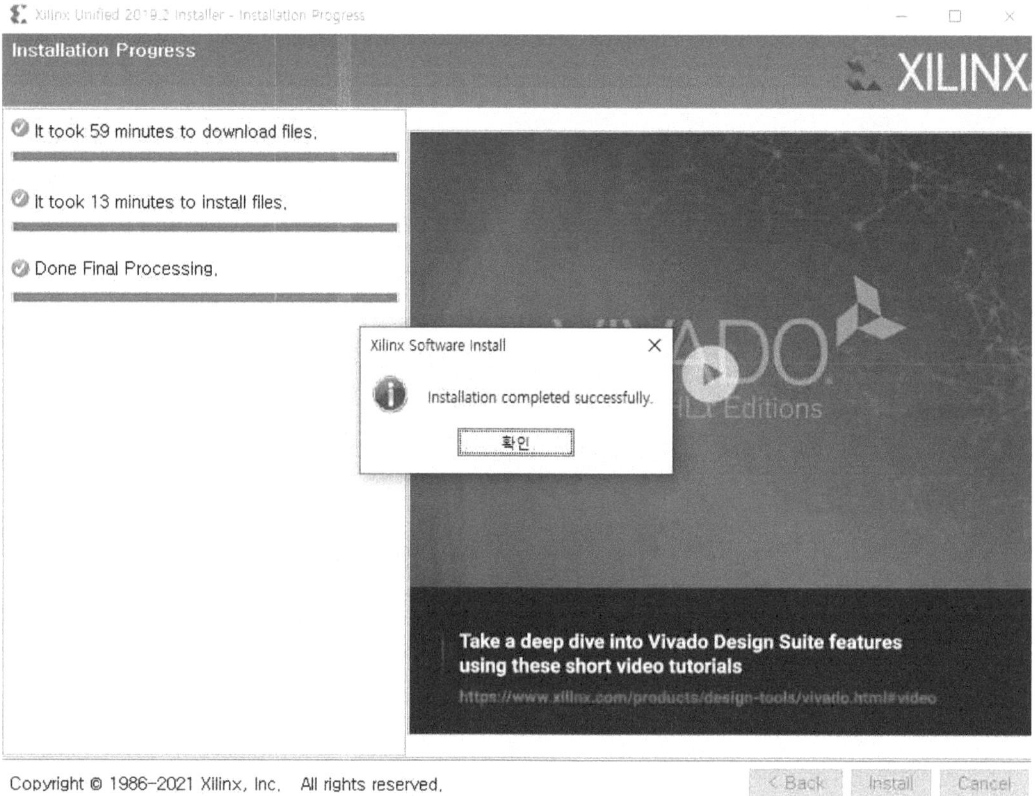

3-17. 바탕화면에 생성된 Vivado 2019.2를 더블 클릭하여 실행하라.

3-18. 상단의 HELP 탭에서 Obtain a license key를 선택하라

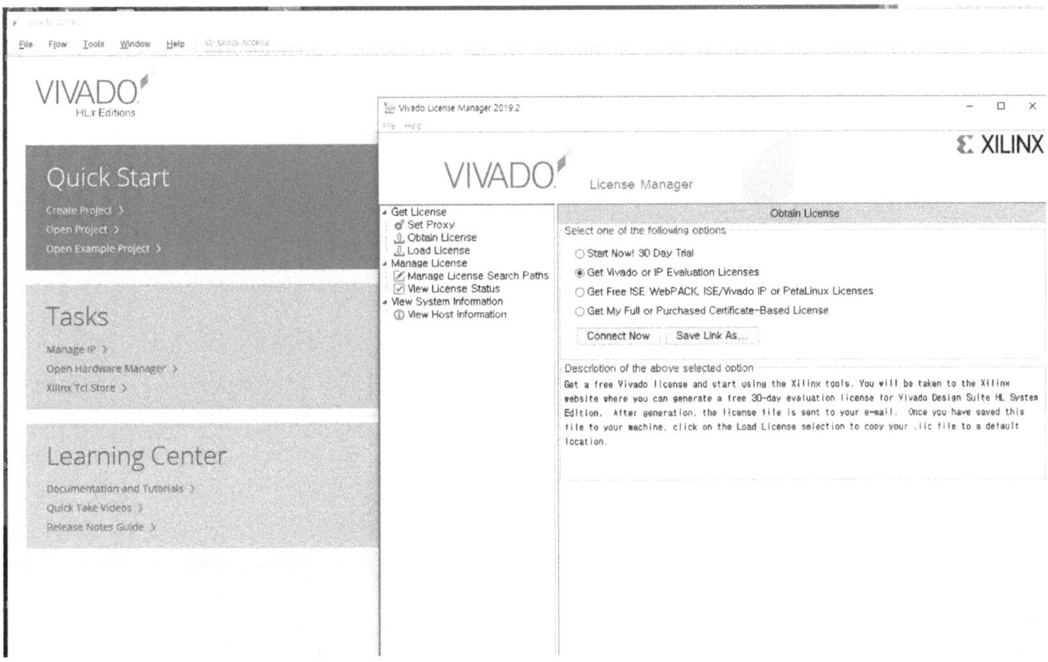

Get Vivado or IP Evaluation Licenses를 선택하고 "Connect Now" 버튼을 클릭하라.

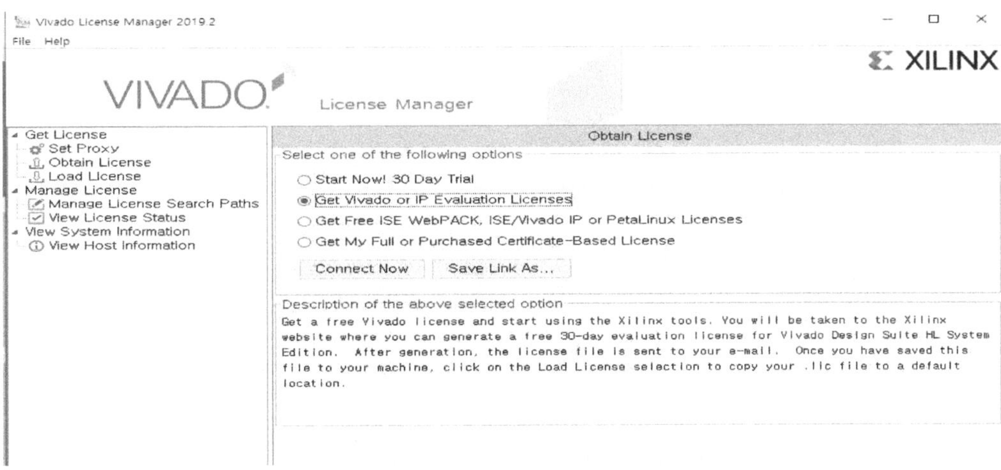

3-19. 회원인증 창에 다시 입력을 한다.

3-20. 인증 내역을 확인하고 하단의 "Next"를 클릭하라.

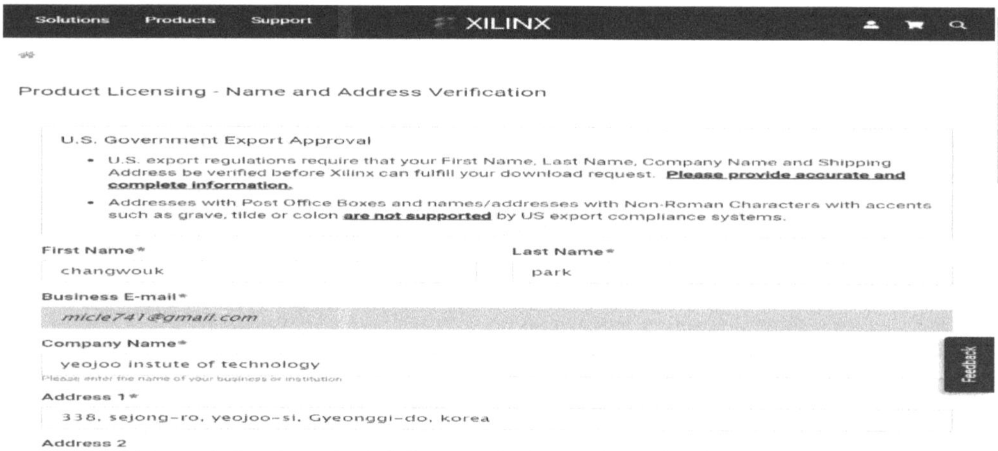

3-21. Vivado HLS Evaluation License를 선택하고 하단의 "Generate Node-Locked License"를 클릭하라.

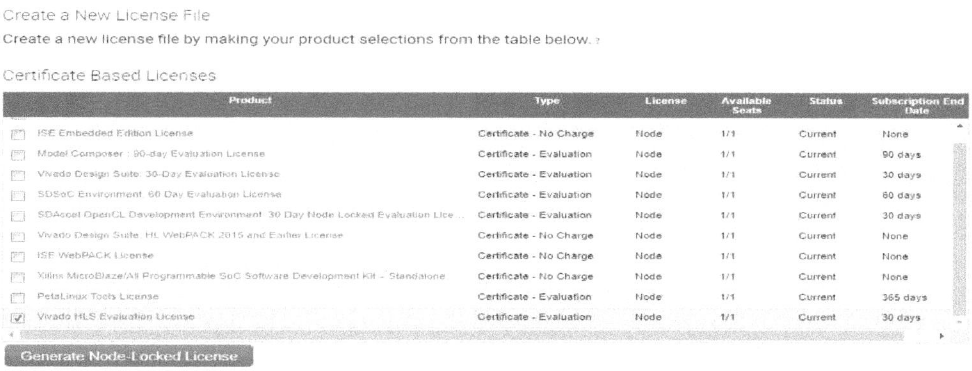

3-22. 1번 Product selection내용을 확인하고 2번 System Information의 Hos ID를 확인하라. 이때 물리적 주소는 명령프람프트 창에서 "ipconfig /all"을 이용하여 확인하라.

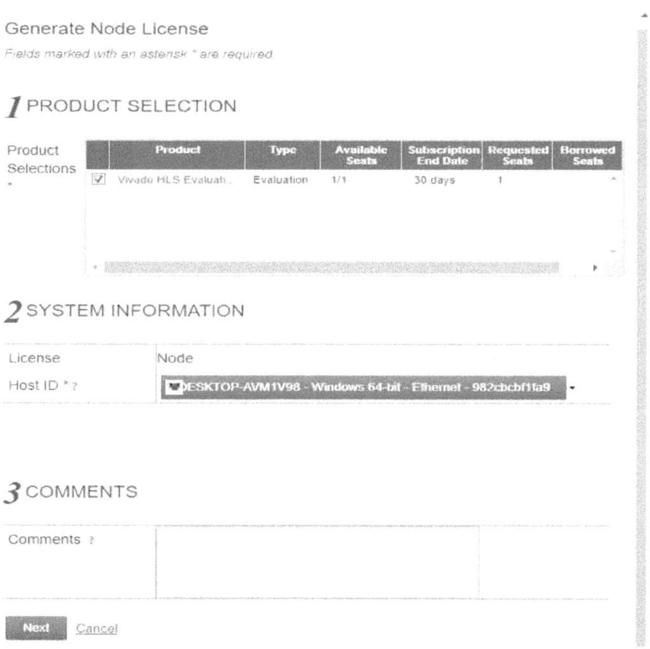

3-23. 정보를 확인하고 하단의 Next를 클릭하라

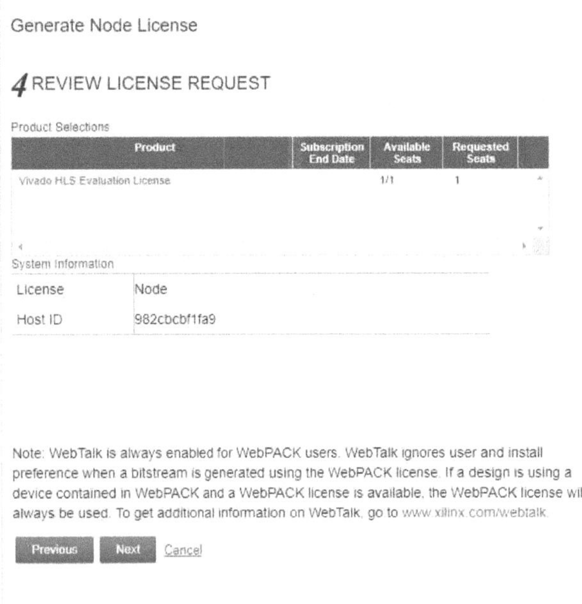

3-24. Vivado HLS Evaluation License가 생성되어 이메일로 발송되었음을 보여준다.

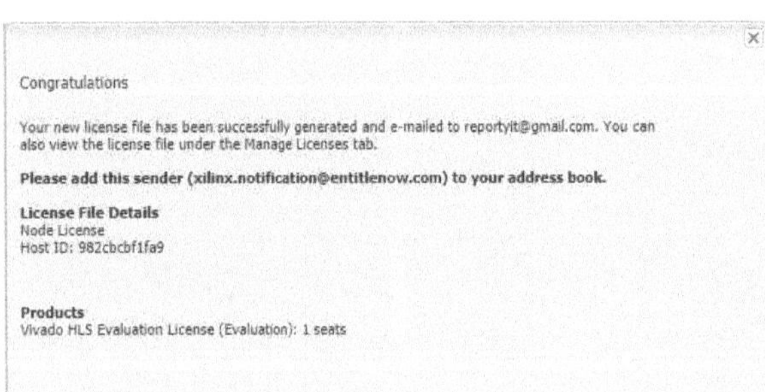

3-25. 상단의 HELP 탭에서 Manage a license key를 선택하라

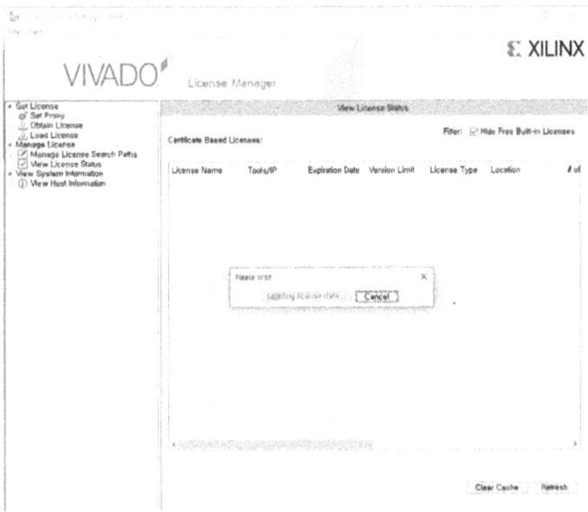

3-26. Vivado License Manager 창에서 좌측 "Load License"를 선택하고 창 중앙의 "Copy License..."을 클릭하라.

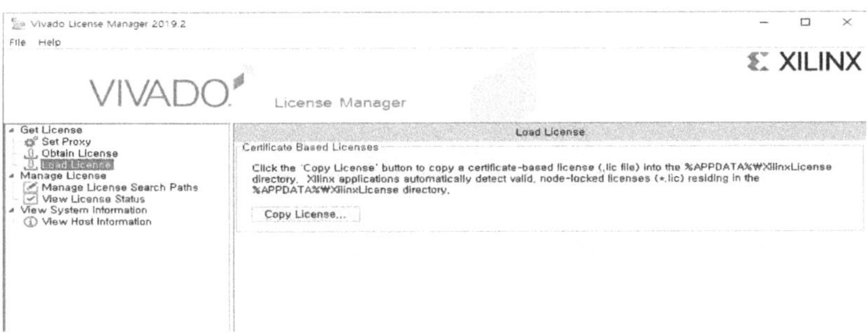

이메일의 첨부화일을 다운로드한 후 선택을 하면 다음과 같이 성공 화면이 나타난다.

1-4 실습

1. 서술형문제

1-1. Vivado 2019.2를 설치한 컴퓨터의 물리적주소를 적고

설치하는 과정을 기술하고 어려웠던 점이 있었다면 어떻게 해결하였는지 기술하시오.

1-2. NOT 게이트에 대해 실습을 수행하라. NOT 게이트를 VHDL로 기술하고 시뮬레이션한 결과를 캡처하여 붙이시오.

2
LAB

VHDL 하드웨어 모델링 및 VHDL특징

2-1 실습목적

1. VHDL을 이용한 하드웨어 모델링 방법
2. VHDL 특징

2-2 사용 장비 및 소모품

Vivado가 설치되어 있는 컴퓨터

2-3 실습개념

1. VHDL을 이용한 하드웨어 모델링 방법

전형적인 디지털회로 설계 흐름은 다음 그림 2-1과 같다.

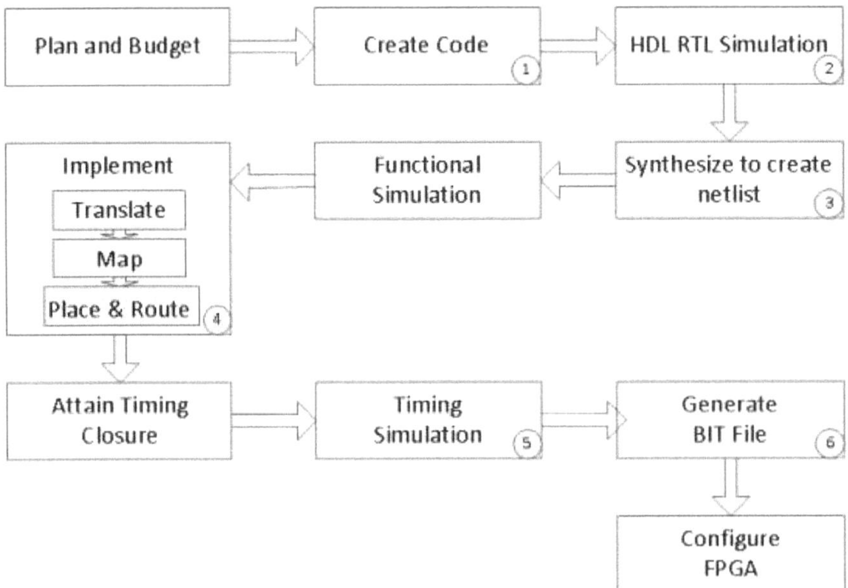

그림 2-1. Design Flow(Xilinx사 자료)

0단계 : 무엇을 설계할 것인가를 정의한다.

1단계 : VHDL을 사용하여 코드를 작성한다.

2단계 : 작성한 VHDL코드에 대해 RTL(register-transfer level) 시뮬레이션을 수행한다. VHDL코드를 RTL코드라고도 하며 빠른 시뮬레이션 결과를 확인한다.

3단계 : VHDL코드를 netlist로 만드는 과정을 synthesis(합성)이라 한다. VHDL 코드를 게이트 레벨(gate level)로 구현하는 것이다.

4단계 : Implement는 게이트 레벨로 변환된 VHDL코드를 FPGA상에 배치(place) 하고 배선(route)하는 과정이다. Translate는 여러 개의 netlist 파일들을 하나의 포맷으로 통일시키고 하나의 netlist로 만드는 과정이다. Map은 netlist 내부에 있는 로직을 FPGA 내부에 있는 구성요소로 1:1로 바꾸어주는 역할을 담당한다. Place & Route 는 구성요소들을 적당한 위치에 놓고 연결시키는 과정이다.

5단계 : Implement 과정에 FPGA에 place&route 된 결과물에 대해 timing 시뮬레이션을 수행한다.
6단계 : BIT파일을 생성한다. 생성된 Bit 파일은 FPGA에 프로그램되어 진다.

하드웨어 모델링 방법으로는 동작적(Behavioral) 표현, 자료흐름적(Dataflow) 표현 그리고 구조적(Structural) 표현이 있다. 이 세 가지 모델링을 혼합하여 하드웨어를 표현할 수 있다.

1. 동작적 표현은 가장 높은 추상적 표현이다. 기능동작이나 알고리듬을 검증할 때 사용하며 하드웨어 지식이 없어도 기술이 가능하다. 만들고자 하는 시스템의 기능을 기술하는 방식으로 내부의 하드웨어 구조와는 관계없이 입출력 신호간의 관계를 정의하는 방식이다.

2. 자료흐름적 표현은 Signal이나 제어의 흐름을 표시한다. 모든 문장이 병렬로 동작하며 동작적 표현방식보다 하드웨어에 가까운 표현방식이다.

3. 구조적 표현은 세 가지 표현 중 가장 하드웨어에 가장 가까운 표현방식이다. 회로 소자들의 연결 상태를 기술한다. 즉 모든 컴포넌트뿐만 이들의 상호연결도 나타낸다. 레지스터와 버스뿐만 아니라 게이트 수준의 설계가 가능하다.

2. VHDL 특징

캐드툴을 사용하여 회로도를 입력하는 방식보다 VHDL을 이용하여 설계할 때 장점은 설계시간을 단축할 수 있다. VHDL코드를 작성하면 설계 툴에 의해 회로가 생성되며 논리식의 조작 등이 필요 없으며 회로의 변경이 쉽다. 설계자 이외에도 설계에 대한 이해가 가능하며 설계 결과물에 대해 재사용이 가능하다.

VHDL은 하드웨어를 설계하기 위한 언어이다. High level에서 설계하고 툴을 이용하여 자동적으로 Low level 설계를 생성한다. 표준화가 되어있어서 설계기간이 짧으며 관리가 쉽고 교환 및 재사용이 수월하다.

3. NOT, AND, OR 게이트

(1) NOT : $Z=\overline{X}$

NOT 연산은 부정 연산으로 정의한 논리 연산이며 주어진 입력 X에 대한 출력 Z는 NOT 게이트의 진리표와 동일하며 인버터(Inverter)라고도 부른다.

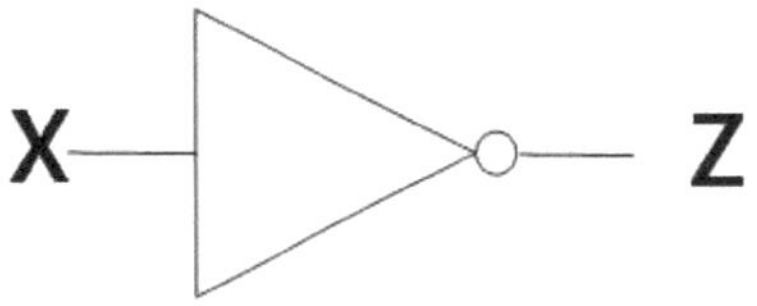

NOT 게이트

NOT 게이트의 진리표

입력	출력
X	Z
0	1
1	0

다음은 툴에서 제공하는 기본적인 틀이다. VHDL에서는 대소문자를 구분하지 않는다. 파일명은 공백을 가지지 않는 영문자, 숫자, _(언더바)로 만들어야 한다. 또한 폴더 명에도 한글이 들어가지 않아야 하니 주의하자.

```
library IEEE;
use IEEE.STD_LOGIC_1164.ALL;

entity Not_gate is
--  port( );
end Not_gate;

architecture Behavioral of Not_gate is

begin

end Behavioral;
```

VHDL은 한 문장이 ; 으로 구분한다. 또한 설명문은 --로 앞쪽에 표시하면 VHDL 수행에 영향을 가지지 않는다. VHDL 기본 틀에서 Entity는 외부에서 보이는 모습을 정의한다. Architecture는 함수를 정의하는데 사용된다.

상단 라이브러리 사용을 선언한 것이다. 첫 번째 행의 library IEEE는 "IEEE" 라는 라이브러리를 선택했다는 것이고 두 번째 행은 "IEEE"라이브러리 내의 std_logic_1164내의 모든 기능을 사용하겠다는 의미이다. 여기에 std_logic 타입, std_logic_vector 타입이 정의되어 있고 NOT, AND, OR, NAND, NOR, XOR, XNOR가 정의되어 있다.

```
library IEEE;
use IEEE.STD_LOGIC_1164.ALL;

entity Not_gate is
        port(
                X : in std_logic;
                Z : out std_logic
        );
end Not_gate;

architecture Behavioral of Not_gate is

begin

end Behavioral;
```

엔티티를 선언한다. 엔티티 선언을 하기 위해

```
entity 엔티티명 is

    port 문

end 엔티티명;
```

위의 예제에서

엔티티명은 Not_gate이고 입력은 X, 출력은 Z라는 것을 표현한다.

```
library IEEE;
use IEEE.STD_LOGIC_1164.ALL;

entity Not_gate is
        port(
                        X : in std_logic;
                        Z : out std_logic
            );
end Not_gate;

architecture Behavioral of Not_gate is

begin
        Z <= not X;
end Behavioral;
```

Architecture문은 다음과 같이 구성되어 있다. begin과 end 사이에 concurrent문으로 Z <= not X; 와 같은 not X 논리값을 Z에 대입하라는 대입문을 사용하였으며 이와 같은 표현을 자료흐름적 표현이라고 한다.

(2) AND(논리곱) : $Z = X \cdot Y$

논리곱 연산은 AND 연산이라고도 하며 두 입력 X, Y에 대하여 출력 Z는 AND게이트의 진리표와 같다.

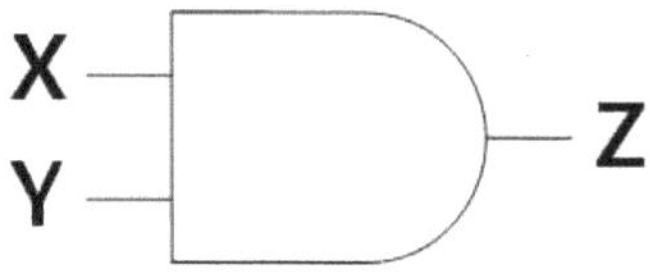

AND 게이트

AND 게이트의 진리표

입력		출력
X	Y	Z
0	0	0
0	1	0
1	0	0
1	1	1

And 게이트의 기본적 틀은 다음과 같다.

```
library IEEE;
use IEEE.STD_LOGIC_1164.ALL;

entity And_gate is
--   port( );
end And_gate;

architecture Behavioral of And_gate is

begin

end Behavioral;
```

엔티티 선언을 보여주고 있다.

```
library IEEE;
use IEEE.STD_LOGIC_1164.ALL;

entity And_gate is
        port(
                X : in std_logic;
                Y : in std_logic;
                Z : out std_logic        );
end And_gate;

architecture Behavioral of And_gate is

begin

end Behavioral;
```

architecture문의 구성을 보여주고 있다.

```
library IEEE;
use IEEE.STD_LOGIC_1164.ALL;

entity And_gate is
        port(
                X : in std_logic;
                Y : in std_logic;
                Z : out std_logic
         );
end And_gate;

architecture Behavioral of And_gate is

begin
        Z <= X and Y;
end Behavioral;
```

(3) OR(논리합) : $Z = X + Y$

논리합 연산은 OR 연산이라고도 하며 두 입력 X, Y에 대하여 출력 Z는 OR 게이트의 진리표와 같다.

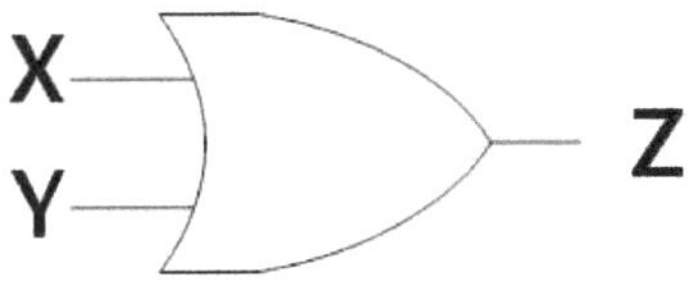

OR 게이트

OR 게이트의 진리표

입력		출력
X	Y	Z
0	0	0
0	1	1
1	0	1
1	1	1

OR 게이트의 기본 틀

```
library IEEE;
use IEEE.STD_LOGIC_1164.ALL;

entity Or_gate is
--  port( );
end Or_gate;

architecture Behavioral of Or_gate is

begin

end Behavioral;
```

엔티티 선언

```
library IEEE;
use IEEE.STD_LOGIC_1164.ALL;

entity Or_gate is
        port(
                X : in std_logic;
                Y : in std_logic;
                Z : out std_logic
        );
end Or_gate;

architecture Behavioral of Or_gate is

begin

end Behavioral;
```

architecture문 구성

```
library IEEE;
use IEEE.STD_LOGIC_1164.ALL;

entity Or_gate is
        port(
                X : in std_logic;
                Y : in std_logic;
                Z : out std_logic
             );
end Or_gate;

architecture Behavioral of Or_gate is

begin
        Z <= X or Y;
end Behavioral;
```

2-4 실습

1. 서술형문제

1-1. AND 게이트에 대해 실습을 수행하라. AND 게이트를 VHDL로 기술하고 시뮬레이션한 결과를 캡처하여 붙이시오.

1-2. OR 게이트에 대해 실습을 수행하라. OR 게이트를 VHDL로 기술하고 시뮬레이션한 결과를 캡처하여 붙이시오.

2. 단답형문제

하드웨어 모델링 방법으로는 동작적(Behavioral) 표현, 자료흐름적(Dataflow)표현 그리고 구조적(Structural) 표현이 있다. 가장 하드웨어에 가까운 표현방법은 어느 것인가? ___________

3. 선다형문제

3-1. 다음은 NOT게이트를 표현한 코드이다.
다음중 ? 위치에 맞는 것은?

가. <=　　나. =　　다. ==　　라. <-

```
library IEEE;
use IEEE.STD_LOGIC_1164.ALL;

entity Not_gate is
        port(
                X : in std_logic;
                Z : out std_logic
            );
end Not_gate;

architecture Behavioral of Not_gate is

begin
        Z  ?  not X;

end Behavioral;
```

3-2. 다음은 NOT게이트를 표현한 코드이다.
다음중 ? 위치에 맞는 것은?

가. std_logic;　　나. std_logic:

다. std_logic"　　라. std_logic

```
library IEEE;
use IEEE.STD_LOGIC_1164.ALL;

entity Not_gate is
        port(
                X : in std_logic;
                Z : out ?
              );
end Not_gate;

architecture Behavioral of Not_gate is

begin
         Z <= not X;
end Behavioral;
```

3 LAB VHDL 코드 구조

3-1 실습목적

1. VHDL 코드 구조
   (라이브러리 선언, 엔티티 선언, 아키텍처 본체 선언)
2. 객체(Object)
   (signal, variable, constant)

3-2 사용 장비 및 소모품

Vivado가 설치되어 있는 컴퓨터

3-3 실습개념

1. VHDL 코드 구조 (라이브러리 선언, 엔티티 선언, 아키텍처 본체 선언)

1-1 라이브러리 선언

Library는 이미 VHDL을 이용하여 설계된 것을 공유할 목적으로 만들어 진 것이며 VHDL code의 최상단에 기재한다.

```
library IEEE;
use IEEE.STD_LOGIC_1164.ALL;
```

위의 예에서 library IEEE; 는 IEEE에서 미리 만들어둔 라이브러리를 사용한다는 의미이다. 라이브러리는 여러 개의 패키지들을 묶어 놓은 것이다. use IEEE.STD_LOGIC_1164.ALL; 은 IEEE 라이브러리 내에 STD_LOGIC_1164라는 패키지를 사용하겠다는 의미이다. 이 패키지를 사용하겠다고 선언함으로써 패키지 내에 정의된 Type, 표준화된 논리값, 함수 그리고 표준 Operators 등을 사용할 수 있게 된다. 이외에도 수치연산을 위한 STD_LOGIC_ARITH등의 패키지들이 있다.

1-2. Entity 선언

사용자가 설계하고자 하는 시스템의 외적 연결을 담당하는 부분으로 외부 입출력을 정의하는 것을 Entity 선언이라고 한다.

```
entity And_not is
    Port ( X : in STD_LOGIC;
           Y : in STD_LOGIC;
           F1 : out STD_LOGIC;
           F2 : out STD_LOGIC);
end And_not;
```

entity 뒤에 오는 단어가 이 entity 이름이 되며 사용자가 임의로 정할 수 있다. entity 선언내의 입력/출력 신호를 포트라고 하며 선언된 포트의 집합을 port 선언이라고 한다. 선언된 port는 port이름, 정보의 이동방향을 나타내는 모드 그리고 데이터타입을 포함한다.

1-3. Architecture Body

Architecture Body는 사용자가 설계하고자 하는 시스템의 내부동작을 세부적으로 정의하는 부분이다.

```
architecture Behavioral of And_not is
begin
F1 <= X and Y;
F2 <= not Y;
end Behavioral;
```

위의 예에서 architecture 뒤에 오는 Behavioral 은 Architecture Body의 이름이며 사용자가 임의로 정할 수 있다. 하나의 설계 내에서 여러 개의 Architecture를 선언 할 수 있으며 이름으로 구분한다.

2. 객체(Object)

객체(Object)란 VHDL에서 값을 가질 수 있는 것을 말한다. 객체를 선언함에 있어 객체가 어떠한 형태 즉 어떠한 자료형을 사용할 것인가를 결정해야 한다. 객체의 종류에는 signal(신호), variable(변수), constant(상수)가 있다. 객체의 종류와 자료형을 지정하는 것을 객체의 선언 이라한다. 사용하기 전 선언을 하여야 하며 선언이후에 그 객체에 값을 대입해서 사용할 수 있다.

signal은 VHDL 합성시 배선(wire)으로 구현이 가능한 경우 사용하며 '<=' 을 사용하여 값을 대입하고 variable은 연산의 중간단계에서 이용되는 내적 변수일 때 사용된다. 또한 constant는 상수값을 지정해서 사용할 때 사용되며 Variable 및 constant는 ':='을 사용하여 값을 대입한다.

3-4 실습

(1) NAND 게이트 : $F=\overline{X \cdot Y}$

NAND 게이트는 AND 연산 후 NOT 연산을 수행하는 게이트로 기본적인 논리회로이다. NAND 게이트의 기호와 진리표는 다음과 같다.

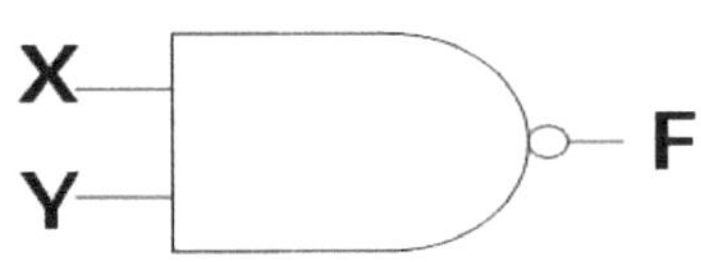

NAND 게이트

NAND 게이트의 진리표

입력		출력
X	Y	F
0	0	1
0	1	1
1	0	1
1	1	0

Nand_gate.vhd 소스파일은 다음과 같다.

```
library IEEE;
use IEEE.STD_LOGIC_1164.ALL;

entity Nand_gate is
    Port ( X : in STD_LOGIC;
           Y : in STD_LOGIC;
           F : out STD_LOGIC);
end Nand_gate;

architecture Behavioral of Nand_gate is

begin
        F <= X nand Y;
end Behavioral;
```

시뮬레이션을 위해 만든 test bench 파일의 내용은 다음과 같다.

```
library IEEE;
use IEEE.Std_logic_1164.all;
use IEEE.Numeric_Std.all;

entity Nand_gate_tb is
end;

architecture bench of Nand_gate_tb is
  component Nand_gate
      Port ( X : in STD_LOGIC;
             Y : in STD_LOGIC;
             F : out STD_LOGIC);
  end component;
  signal X: STD_LOGIC;
  signal Y: STD_LOGIC;
  signal F: STD_LOGIC;
begin
  uut: Nand_gate port map ( X => X,
                            Y => Y,
                            F => F );
  stimulus: process
  begin
    wait for 100ns;
    X <= '0';
    Y <= '0';
    wait for 100ns;
    X <= '0';
    Y <= '1';
    wait for 100ns;
    X <= '1';
    Y <= '0';
    wait for 100ns;
    X <= '1';
    Y <= '1';
    wait;
  end process;
end;
```

좌측창의 “RTL ANALYSIS” 탭에서 “Schematic”을 클릭하면 다음과 같이 구현되어 있음을 확인해 볼 수 있다. AND 게이트와 NOT 케이트로 NAND를 구현하고 있다.

시뮬레이션 결과를 확인하자.

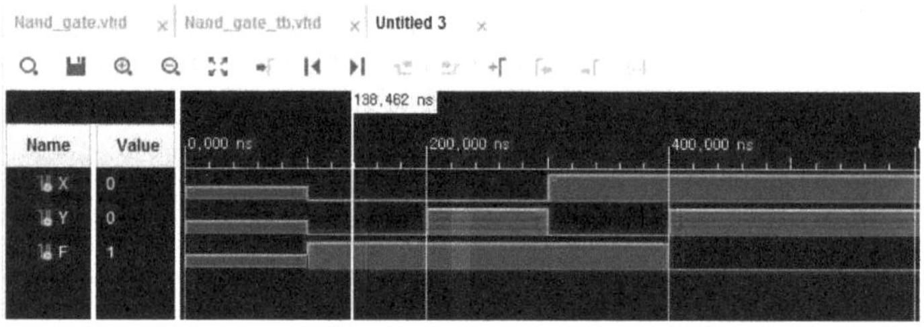

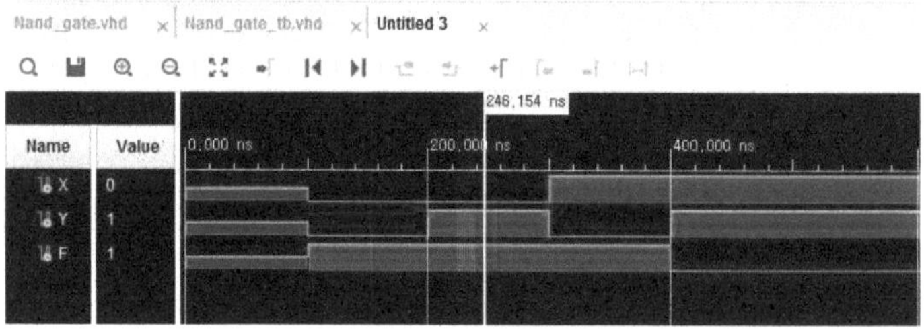

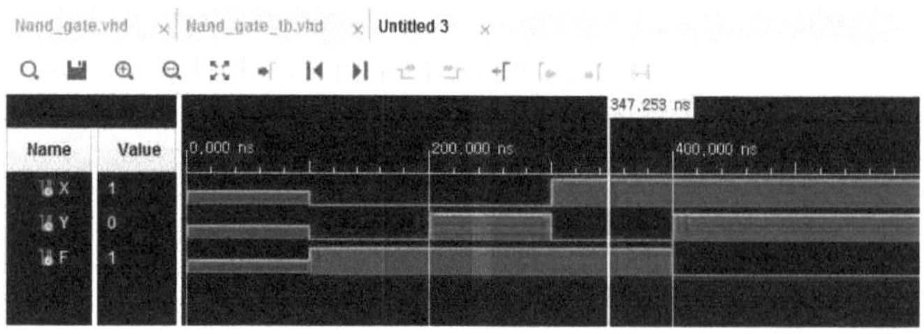

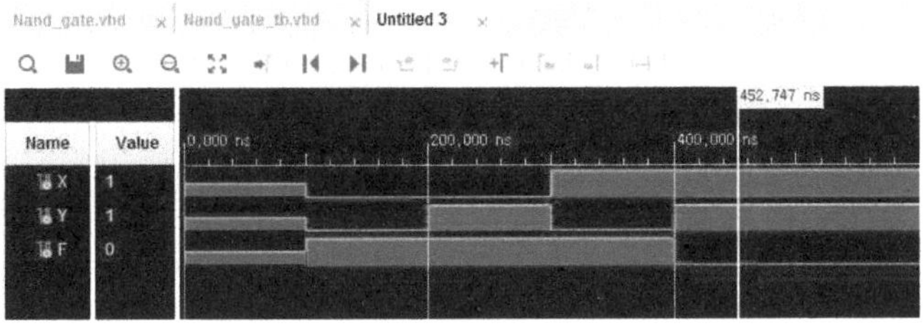
Nand_gate.vhd
Nand_gate_tb.vhd
Untitled 3
452,747 ns
Name
Value
0,000 ns
200,000 ns
400,000 ns
X
1
Y
1
F
0

(2) NOR 게이트 : $F=\overline{X+Y}$

NOR 게이트는 OR 연산 후 NOT 연산을 수행하는 게이트로 기본적인 논리회로이다. NOR 게이트의 기호와 진리표는 다음과 같다.

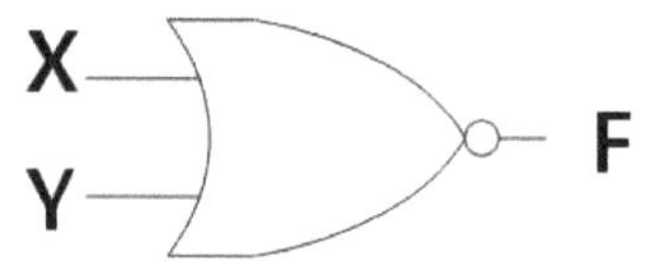

NOR 게이트

NOR 게이트의 진리표

입력		출력
X	Y	F
0	0	1
0	1	0
1	0	0
1	1	0

Vivado의 회로도이다. OR게이트와 NOT게이트로 NOR게이트를 구현한다.

시뮬레이션 결과를 확인해보자
수직의 노란 선을 이동해보면 NOR 로서 동작하는 것을 확인할 수 있다.

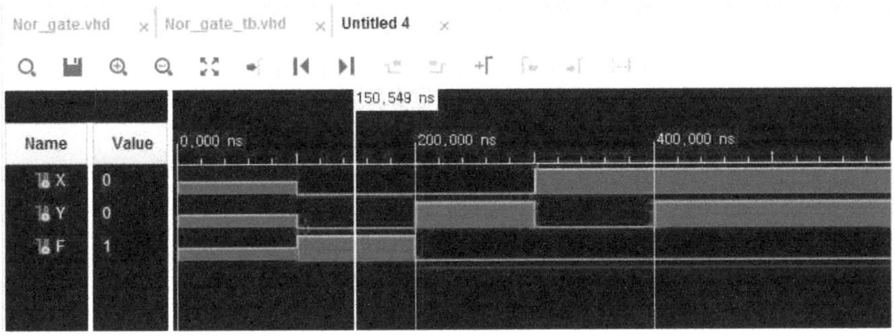
Nor_gate.vhd
Nor_gate_tb.vhd
Untitled 4
150,549 ns
Name
Value
0,000 ns
200,000 ns
400,000 ns
X
Y
F
0
0
1

(3) AND와 NOT게이트로 구성된 회로 설계

: $F1 = XY$, $F2 = \overline{Y}$

회로도는 다음과 같다.

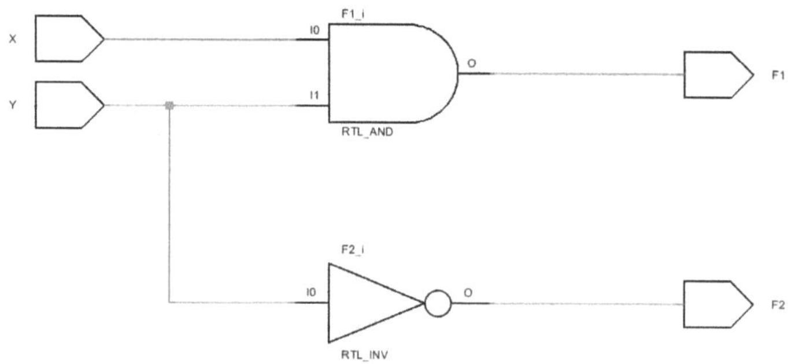

소스파일은 다음과 같다.

```
library IEEE;
use IEEE.STD_LOGIC_1164.ALL;

entity And_not is
    Port ( X : in STD_LOGIC;
           Y : in STD_LOGIC;
           F1 : out STD_LOGIC;
           F2 : out STD_LOGIC);
end And_not;

architecture Behavioral of And_not is

begin
F1 <= X and Y;
F2 <= not Y;
end Behavioral;
```

테스트벤치 파일을 만들고 시뮬레이션한 결과는 다음과 같다.

입력 X=0, Y=0 일 때 F1=0, F2=1

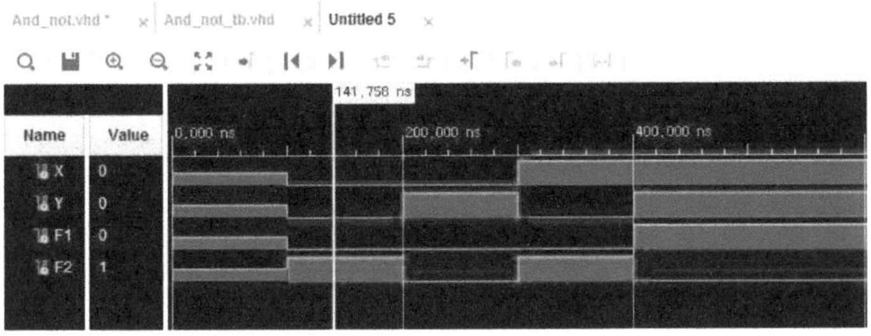

입력 X=0, Y=1 일 때 F1=0, F2=0

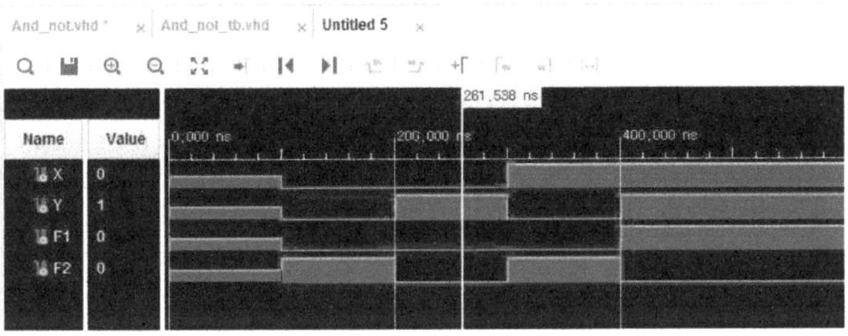

입력 X=1, Y=0 일 때 F1=0, F2=1

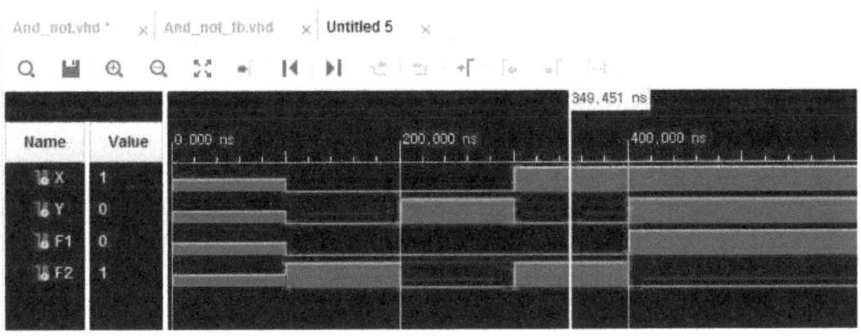

입력 X=1, Y=1 일 때 F1=1, F2=0

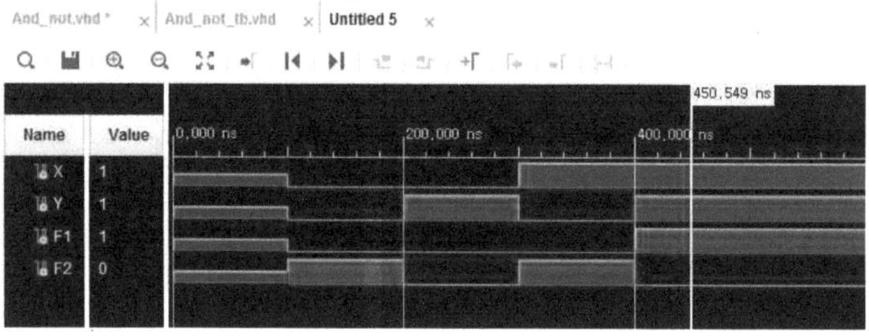

(4) EXCLUSIVE-OR(배타적 논리합) : $F = X \oplus Y = \overline{X}Y + X\overline{Y}$

XOR 게이트는 기본 게이트로 정의되어 있지 않지만 매우 유용한 게이트이다. XOR 연산은 배타적 논리합 연산이라고 하며 서로 다른 입력에 대해서만 1을 출력하는 논리 연산이다.

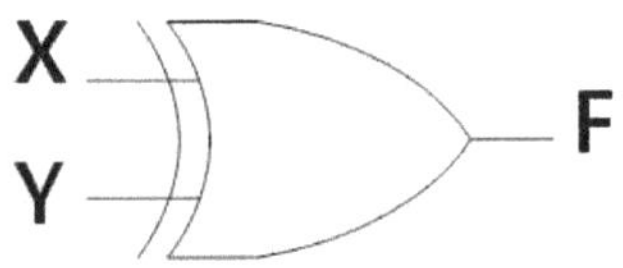

XOR 게이트

XOR 게이트의 진리표

입력		출력
X	Y	F
0	0	0
0	1	1
1	0	1
1	1	0

(5) EXCLUSIVE-NOR(배타적 부정 논리합) : $F=\overline{X\oplus Y}=\overline{X}\,\overline{Y}+XY$

XNOR 게이트는 XOR 게이트 연산의 부정을 나타내는 게이트이며 동치(Equivalence) 게이트로고도 부른다.

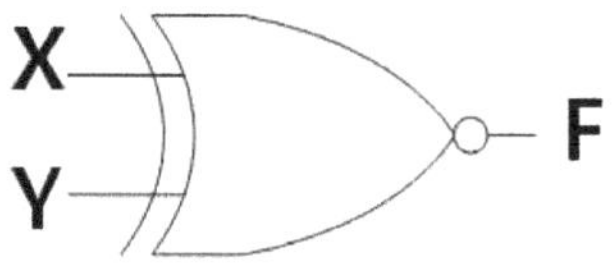

XNOR 게이트

XNOR 게이트의 진리표

입력		출력
X	Y	F
0	0	1
0	1	0
1	0	0
1	1	1

(6) Signal 실습

아래 블랙박스 같이 입력은 I1, I2, I3 의 세 개를 사용하고 출력은 Y 하나인 회로를 설계하고자 한다.

I1과 I2는 OR 게이트의 입력이 되고 OR 게이트의 출력은 XOR게이트의 입력으로 연결하기 위한 배선인 yit signal을 사용한다. XOR 게이트는 yit 값과 I3을

입력으로 받아 Y를 출력한다. yit는 내부선 연결을 위해 사용된다.

signal 선언의 위치는 architecture 와 begin 사이이다. signal을 선언하면서 초기값을 대입할 때는 “:=”을 사용한다. 즉 signal a : std_logic := '0'으로 사용한다.

```
library IEEE;
use IEEE.STD_LOGIC_1164.ALL;

entity Or_xor is
 Port ( I1, I2, I3 : in std_logic;
        Y : out std_logic);
end Or_xor;

architecture Behavioral of Or_xor is
    signal yit : std_logic;
begin
    yit <= I1 or I2;
    Y <= yit xor I3;
end Behavioral;
```

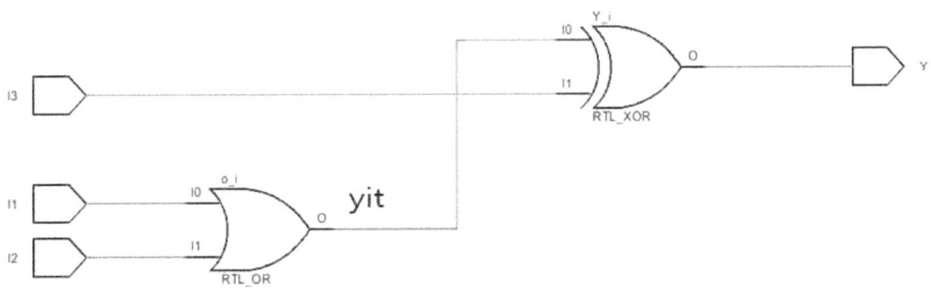

시뮬레이션을 위해 test bench 파일을 만들면 다음과 같다.

```
stimulus: process
 begin

   wait for 100 ns;
   I1 <= '0';
   I2 <= '0';
   I3 <= '0';
    wait for 100 ns;
   I1 <= '0';
   I2 <= '0';
   I3 <= '1';
    wait for 100 ns;
   I1 <= '0';
   I2 <= '1';
   I3 <= '0';
    wait for 100 ns;
   I1 <= '0';
   I2 <= '1';
   I3 <= '1';
    wait for 100 ns;
   I1 <= '1';
   I2 <= '0';
   I3 <= '0';
    wait for 100 ns;
   I1 <= '1';
   I2 <= '0';
   I3 <= '1';
    wait for 100 ns;
   I1 <= '1';
   I2 <= '1';
   I3 <= '0';
    wait for 100 ns;
   I1 <= '1';
   I2 <= '1';
   I3 <= '1';

   wait;
 end process;
```

시뮬레이션 결과이다.

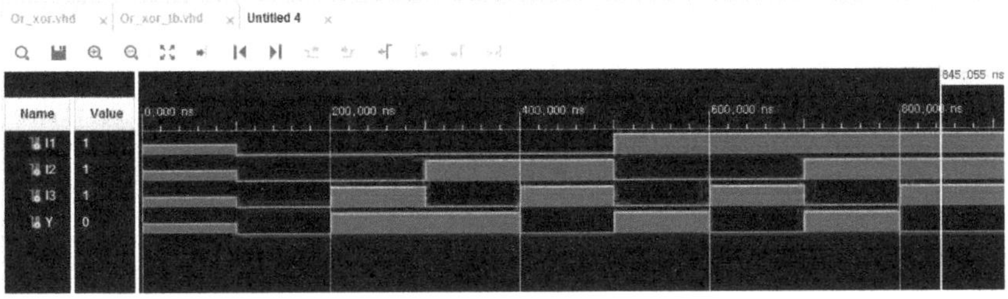

(7) variable 실습

다음의 블랙박스는 3개의 입력을 가지는 AND 게이트를 구현한 것이다. 지금까지 해왔던 Dataflow 방식은 Y <= I1 and I2 and I3을 사용하지 않고 variable 과 process 문을 사용한다.

architecture 내의 process 와 begin 사이에 variable temp를 선언한다. 이때 temp는 중간단계의 연산결과를 잠시 저장하며 process문을 벗어나면 그 값을 상실한다. 즉 c언어의 local 변수와 같이 사용할 수 있다. variable은 값이 즉시 대입되어 연산의 중간결과가 보관되긴 하지만 최종 variable값을 보존하고 사용하기 위해서는 process 문을 종료하기 전 Y <= temp; 와 같은 대입문을 사용해야한다.

variable은 process, function 그리고 procedure등 에서 사용되며 process 내부에서만 유효한 내적 변수이다. variable은 signal 과 같이 배선(wire)로 구현되지 않고 단지 중간 연산 단계에서 값을 잠시 저장하는 용도로 이용한다. variable에서 사용되는 대입기호는 ":="을 사용하며 이 기호는 값을 즉시 대입하라는 의미이다.

process문은 하드웨어 시스템을 모듈별로 기술하는 동작적 표현방식의 하나이다. VHDL을 구현함에 있어 하나의 시스템에 여러 모듈들이 존재하며 각각의 모듈은 병행처리하면서 상호간의 통신을 통하여 동작을 유지하게 되는데 이러한 모듈 단위의 병행처리를 각 process문이 담당할 수 있다. 즉 process문은 각 모듈의 병행처리를 담당하면서 그 내부는 순차적으로 처리함으로써 복잡한 알고리듬의 모듈을 보다 쉽게 구현 할 수 있으며 각 모듈간의 통신을 원활히 할 수 있는 구문이다.

VHDL 로 설계를 하면 다음과 같다.

```
library IEEE;
use IEEE.STD_LOGIC_1164.ALL;

entity var_temp is
     Port (I1, I2, I3 : in std_logic;
            Y :out std_logic );
end var_temp;

architecture Behavioral of var_temp is

begin
     process(I1, I2, I3)
                variable temp : std_logic;
     begin
                temp :='1';
                temp := I1 and temp;
                temp := I2 and temp;
                temp := I3 and temp;
                Y <= temp;
     end process;

end Behavioral;
```

Schematic은 다음과 같이 만들어 진다.

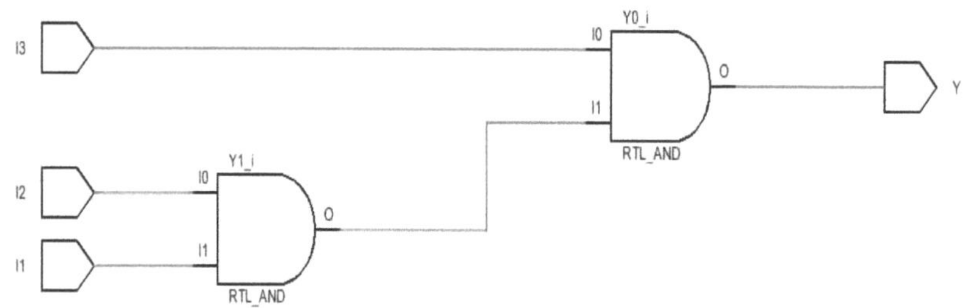

시뮬레이션 결과는 다음과 같다.

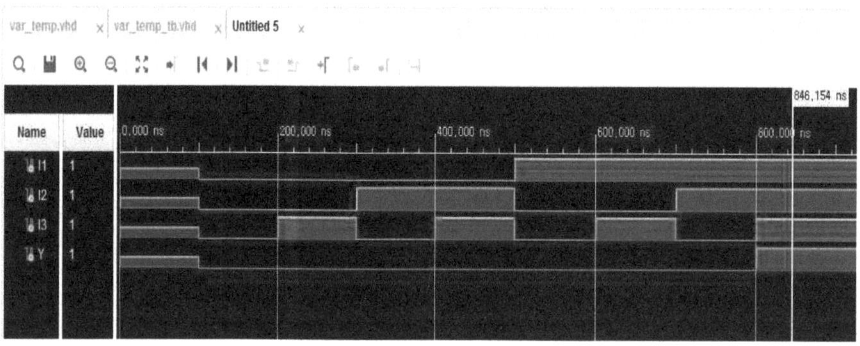

(8) constant 선언과 사용 예

constant는 초기에 선언한 상수의 값을 유지하는데 사용되며 초기에 선언된 상수 값은 바꿀 수 없다. 대입기호는 variable과 마찬가지로 ":="을 사용한다. 이 기호는 값이 즉시 대입되는 것이다. 선언위치는 loop문, generate문 등 다양한 위치에서 선언이 가능하다.

다음은 4비트 입력 input m 값을 4비트 mask를 하여 출력 F로 전송시키는 시스템이다. 선택신호 sel 의 값이 0이면 출력은 전부 0이 되고 sel 의 값이 1이면 원래의 신호가 출력되는 시스템이다.

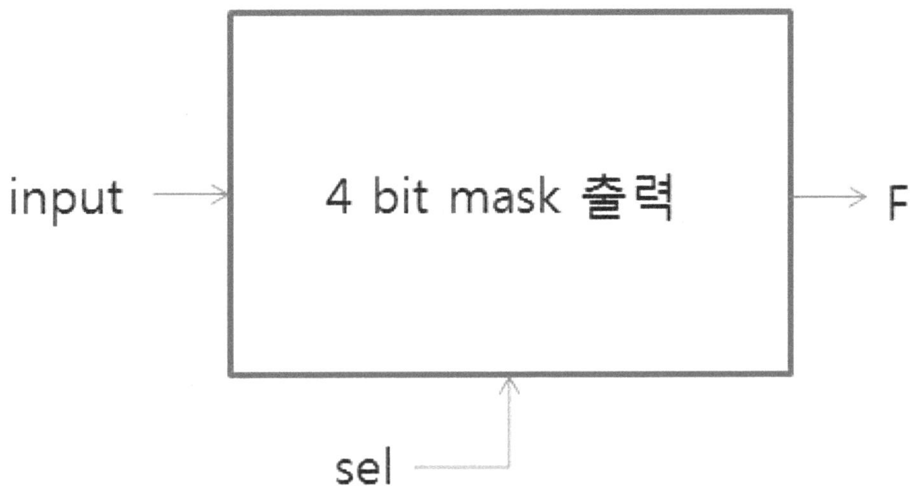

source code

constant 사용예

```
library IEEE;
use IEEE.STD_LOGIC_1164.ALL;

entity mask is
 Port (input : in std_logic_vector(3 downto 0);
        sel : in std_logic;
        F : out std_logic_vector(3 downto 0) );
end mask;

architecture Behavioral of mask is
        constant mask0 : std_logic_vector := "0000";
        constant mask1 : std_logic_vector := "1111";
begin

     process(sel, input)
     begin
        if (sel ='1') then
                F  <= input and mask1;
         else
                F <= input and mask0;
         end if;
     end process;
end Behavioral;
```

test bench 파일은 다음과 같이 준다.

```
stimulus: process
  begin
     wait for 30ns;
   sel <= '1';
   input <= "0000";
  wait for 30ns;
   sel <= '1';
   input <= "0001";
  wait for 30ns;
   sel <= '1';
   input <= "0010";
   wait for 30ns;
   sel <= '1';
   input <= "0011";
  wait for 30ns;
   sel <= '1';
   input <= "0100";
   wait for 30ns;
   sel <= '1';
   input <= "0101";
   wait for 30ns;
   sel <= '1';
   input <= "0110";
  wait for 30ns;
   sel <= '1';
   input <= "0111";
   wait for 30ns;
   sel <= '1';
   input <= "1000";
  wait for 30ns;
   sel <= '1';
   input <= "1001";
  wait for 30ns;
  - - - - - - - - - - - 중간생략
   sel <= '1';
    input <= "1100";
  wait for 30ns;
   sel <= '1';
    input <= "1101";
    wait for 30ns;
   sel <= '1';
   input <= "1110";
  wait for 30ns;
   sel <= '1';
   input <= "1111";
    wait;
  end process;
```

sel 이 0일 때 시뮬레이션 결과

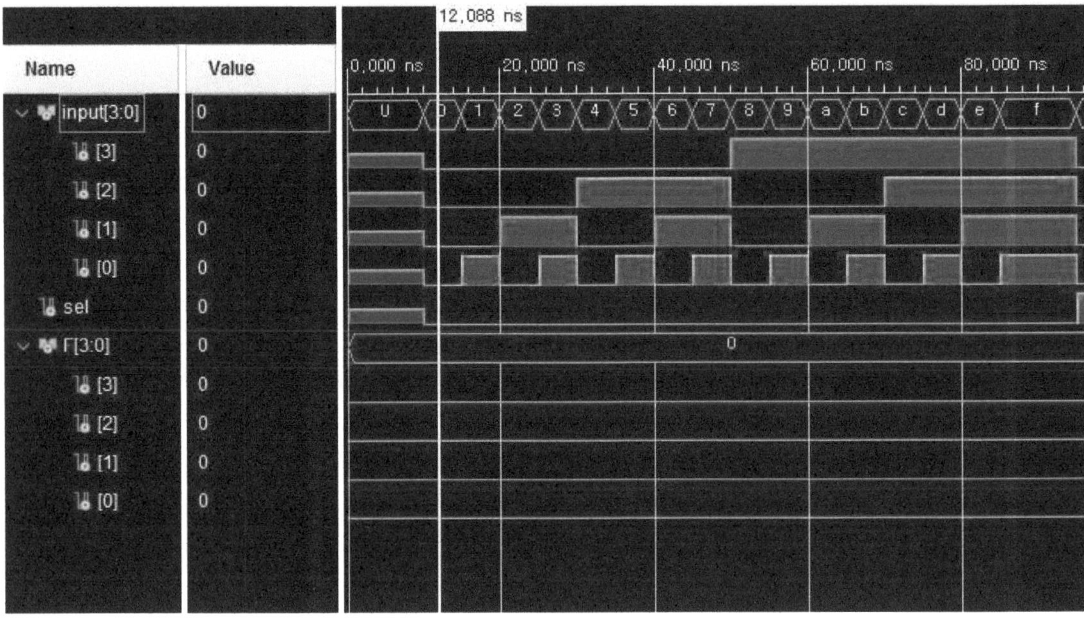

sel 이 1일 때 시뮬레이션 결과

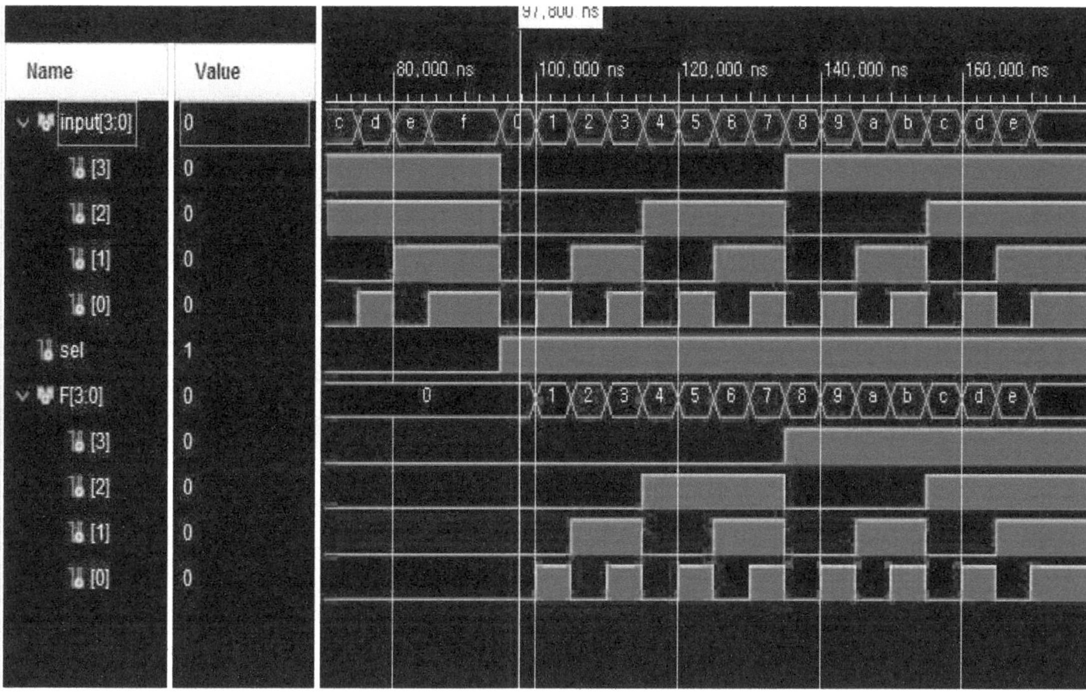

schematic

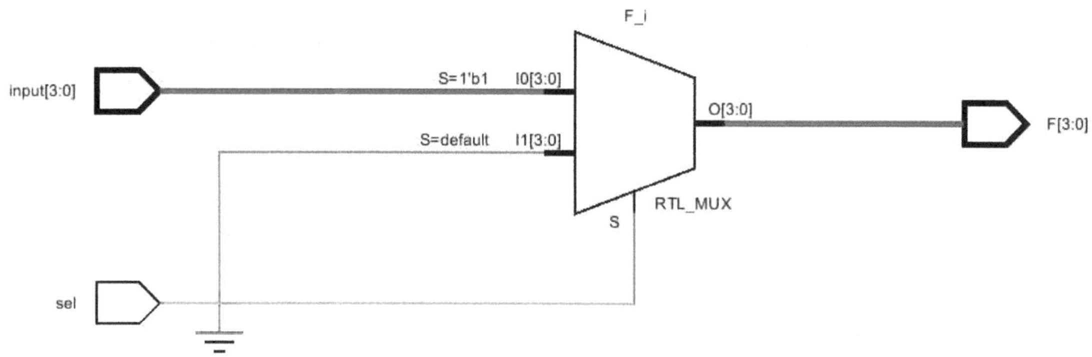

3-4 과제

1. 서술형문제

1-1. 입력은 두 개 포트로 각각 X, Y 로 주어지며 출력 F1과 F2는 다음과 같은 회로를 설계하고 소스파일, 회로도를 보여라. 또한 시뮬레이션 결과를 보이고 설명하라.

$F1 = \overline{X \cdot Y}, \qquad F2 = \overline{X + Y}$

1-2. 4개의 입력을 가지는 AND 게이트를 VHDL로 설계하고 소스 파일, 회로도를 보여라. (process문과 variable을 사용하여 설계하라.) 또한 시뮬레이션 결과를 보이고 설명하라.

2. 단답형문제

__________는 초기에 선언한 상수의 값을 유지하는데 사용되며 초기에 선언된 상수 값은 바꿀 수 없다.

3. 선다형문제

3-1. 2입력 게이트 중 두 개의 입력 값이 서로 다를 때 1을 출력하는 게이트는?

가. xor 나. xnor 다. and 라. or

3-2. signal 선언의 위치는 ____________________ 이다
다음 중 맞는 것은?

가. architecture 와 begin 사이
나. entity 선언부
다. test bench 파일내
라. 라이브러리 선언 직후

4 LAB VHDL 코드 구조 (process문)

4-1 실습목적

1. 연산자
2. Process문, IF문, for loop문

4-2 사용 장비 및 소모품

Vivado가 설치되어 있는 컴퓨터

4-3 실습개념

1. 연산자

연산자(operator) : 조합 논리를 만드는데 사용되는 연산자로 bit, bit_vector 및 boolean형을 지원 할 수 있다.

관계연산자 : 비교 함수를 만드는데 사용되는 연산자로 대부분 자료형을 지원한다.

연산자	의미
=	같음 (equal to)
/=	같지 않음 (not equal to)
<	왼쪽의 값이 작음 (less than)
<=	왼쪽이 값이 작거나 같음 (less than or equal to)
>	왼쪽이 값이 큼 (greater than)
>=	왼쪽이 값이 크거나 같음 (greater than or equal to)

산술 연산자 : 정수형과 실수형 숫자형을 , 모듈, 나머지, 절댓값, 제곱 등의 의미를 갖는 연산자이다.

연산자	의미	연산자	의미
+	덧셈	mod	몫
−	뺄셈	rem	나머지
*	곱셈	abs	절대값
/	나눗셈	**	제곱

순환 연산자 : 1차원적인 bit나 boolean을 지원하는 것

[순환연산자의 종류 및 의미]

연산자	의미
sll (shift left logical)	논리에 대한 왼쪽 방향으로의 순환 (맨우측 bit는 0)
srl (shift right logical)	논리에 대한 오른쪽 방향으로의 순환 (맨좌측 bit는 0)
sla (shift left arithmetic)	산술에 대한 왼쪽 방향으로의 순환 (맨우측 bit는 이전값)
sra (shift right arithmetic)	산술에 대한 오른쪽 방향으로의 순환 (맨좌측 bit는 이전값)
rol (rotate left)	논리에 대한 왼쪽 방향으로의 순환이동
ror (rotate right)	논리에 대한 오른쪽 방향으로의 순환이동

[순환연산 전과 후의 데이터 변화 비교]

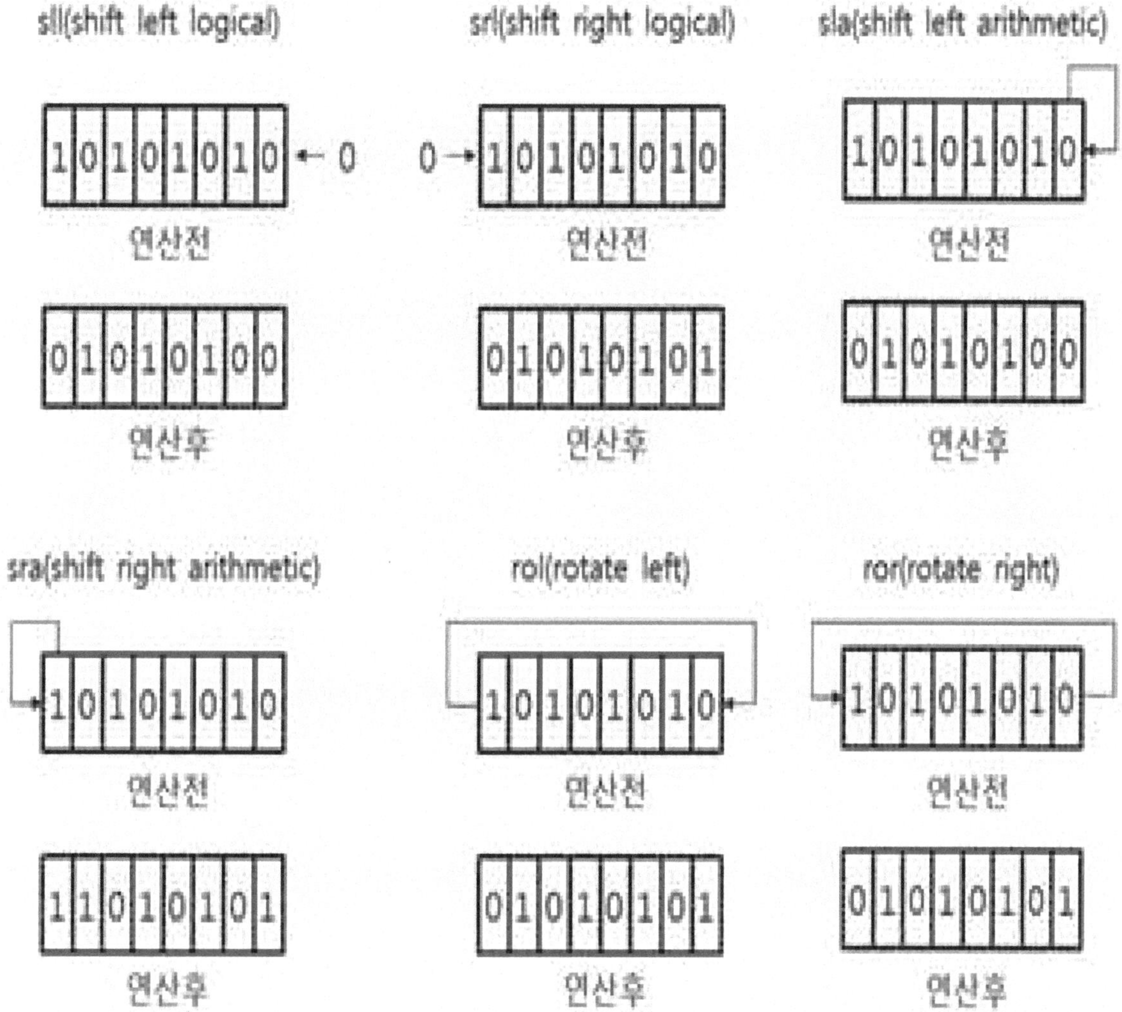

연결 연산자 : 원하는 새로운 형태의 1차원 배열을 만드는데 편리한 기능을 제공한다. 예를 들어 다음과 같이 각각 3-bits로 된 두 변수 A, B를 연결 조합하여 6-bits의 변수 C를 만들 수 있다

부호 연산자 : 단일 요소의 연산자로서 연산자 오른쪽에만 숫자형의 피연산자를 갖는다. 결과값은 피연산자와 같은 자료형과 같은 자료형을 갖는다.

[부호연산자의 종류 및 의미]

연산자	의미
+	양수(positive) 또는 동일(identity)
-	음수(negative) 또는 부정(negation)

[연산자의 우선순위]

우선순위	연산자 종류	기호
	논리연산자	or, and, nor, nand, xor, xnor
낮다	관계연산자	=, /=, <, >, <=,>=
.	순환연산자	sll, srl, sla, sra, rol, ror
.	덧셈연산자	+, -, &
.	부호	+, -
높다	곱셈연산자	*, /, mod, rem
	기타연산자	**, abs, not

2. process문

VHDL 문장은 기본적으로 하드웨어를 기술하고자 하는 것이다. 하드웨어 회로에서 입력신호에서 출력신호로 신호가 전달될 때 순차적으로 처리되는 것이 아니라 동시에 처리되는 병행처리(Concurrent)되는 방식이다. VHDL은 크게 병행처리문과 process문 내부에서만 수행되는 순차처리문으로 크게 나눌 수 있다. 병행처리라는 것은 VHDL로 기술된 순서와 상관없이 동시에 수행된다는 의미이다. 순차처리문은 process문의 begin 과 end process; 사이에서 사용된다.

process 문은 내부적으로 순차처리를 담당하며 복잡한 알고리듬의 구현을 쉽게 할 수 있다. process 문의 감지신호 리스트는 대개 process의 입력신호로 구성된다. 감지신호의 변화가 생기면 process 문이 수행된다. process 문내에서 사용되는 순차처리문들은 다음과 같은 것들이 있다.

- wait문
- if문
- case문
- 반복제어문

설계하고자 하는 시스템은 모듈들로 구성되는데 각 모듈들은 병행처리를 하면서 서로간의 통신을 통해 기능을 수행한다. process문은 시스템의 각 모듈의 병행처리를 담당하지만 내부적으로는 순차처리를 수행한다.

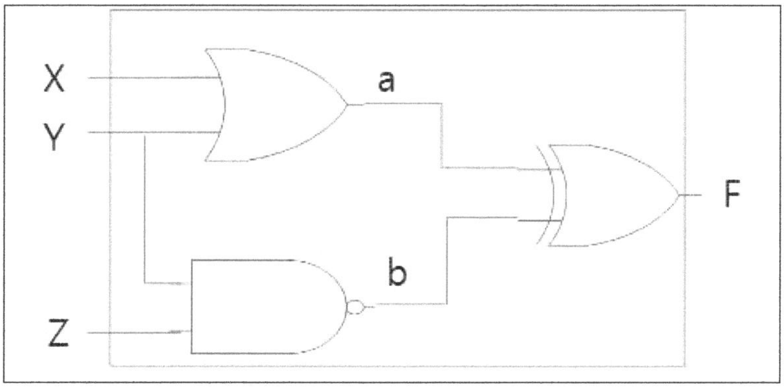

위 회로도의 진리표를 작성하라.

입력			출력
X	Y	Z	F
0	0	0	
0	0	1	
0	1	0	
0	1	1	
1	0	0	
1	0	1	
1	1	0	
1	1	1	

OR 게이트의 기호와 진리표는 다음과 같다

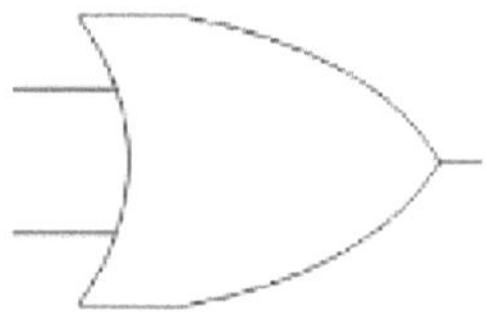

OR 게이트

OR 게이트의 진리표

입력		출력
X	Y	a
0	0	0
0	1	1
1	0	1
1	1	1

Dataflow 방식의 표현은 다음과 같다.

a <= X or Y;

process문내에 IF문을 사용하면 다음과 같다.

```
no1 : process(X, Y)
        begin
              if(X='1') or (Y='1') then a <='1';
              else a <= '0';
              end if;
        end process;
```

NAND 게이트의 기호와 진리표는 다음과 같다

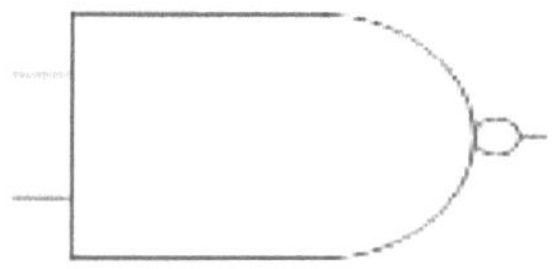

NAND 게이트

NAND 게이트의 진리표

입력		출력
Y	Z	b
0	0	1
0	1	1
1	0	1
1	1	0

Dataflow 방식의 표현은 다음과 같다.

```
b <= Y nand Z;
```

process문내에 IF문을 사용하면 다음과 같다.

```
no2 : process(Y, Z)
      begin
        if(Y='0') or (Z='0') then b <= '1';
        else b <= '0';
        end if;
      end process;
```

XOR 게이트의 기호와 진리표는 다음과 같다

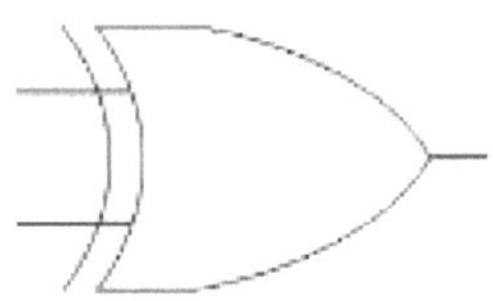

XOR 게이트

XOR 게이트의 진리표

입력		출력
a	b	F
0	0	0
0	1	1
1	0	1
1	1	0

Dataflow 방식의 표현은 다음과 같다.

F <= a xor b;

process문내에 IF문을 사용하면 다음과 같다.

```
no3 : process(a, b)
      begin
           if(a=b) then F <='0';
           else F <= '1';
           end if;
      end process;
```

VHDL 로 회로도를 설계하면 다음과 같다.

Schematic은 다음과 같다.

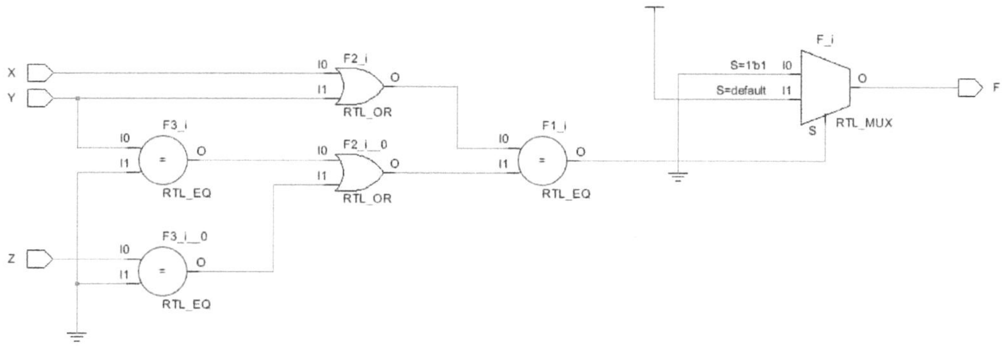

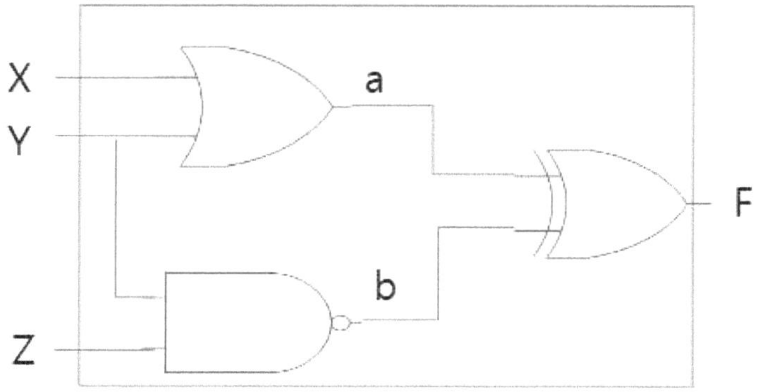

```
library IEEE;
use IEEE.STD_LOGIC_1164.ALL;

entity sample5 is
        Port ( X, Y, Z : in std_logic;
                   F : out std_logic );
end sample5;

architecture Behavioral of sample5 is
        signal a, b : std_logic;
begin
        no1 : process(X, Y)
        begin
            if(X='1') or (Y='1') then a <='1';
            else a <= '0';
            end if;
         end process;

         no2 : process(Y, Z)
         begin
            if(Y='0') or (Z='0') then b <= '1';
            else b <= '0';
            end if;
         end process;

         no3 : process(a, b)
         begin
            if(a=b) then F <='0';
            else F <= '1';
            end if;
         end process;
end Behavioral;
```

시뮬레이션을 위하여 주어지는 입력은 다음과 같다.

```
stimulus: process
begin

 wait for 100ns;
 X <= '0';
 Y <= '0';
 Z <= '0';
  wait for 100ns;
 X <= '0';
 Y <= '0';
 Z <= '1';
  wait for 100ns;
 X <= '0';
 Y <= '1';
 Z <= '0';
  wait for 100ns;
 X <= '0';
 Y <= '1';
 Z <= '1';
  wait for 100ns;
 X <= '1';
 Y <= '0';
 Z <= '0';
  wait for 100ns;
 X <= '1';
 Y <= '0';
 Z <= '1';
  wait for 100ns;
 X <= '1';
 Y <= '1';
 Z <= '0';
  wait for 100ns;
 X <= '1';
 Y <= '1';
 Z <= '1';
  wait;
end process;
```

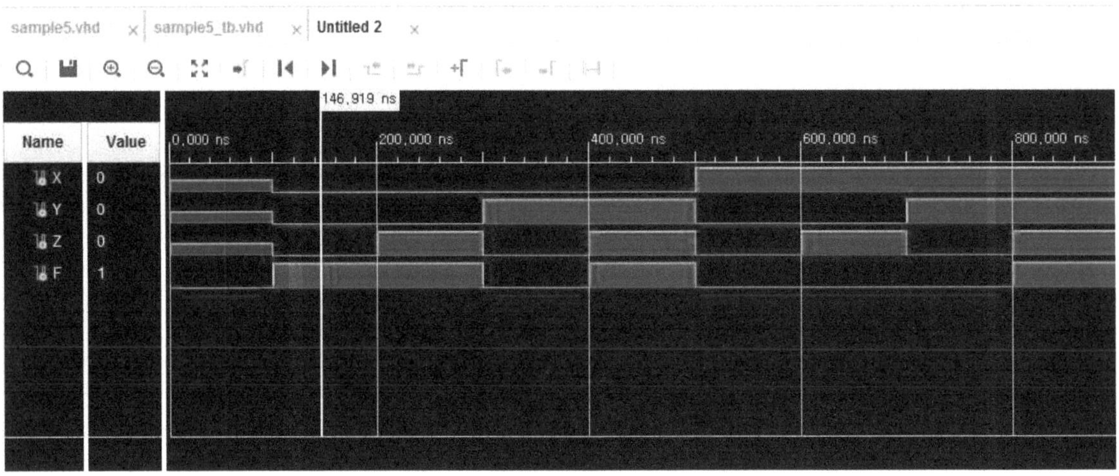

시뮬레이션을 수행하고 그 결과를 입력하라.

입력			출력
X	Y	Z	F
0	0	0	
0	0	1	
0	1	0	
0	1	1	
1	0	0	
1	0	1	
1	1	0	
1	1	1	

3. 4입력 AND 게이트를 for loop문을 이용하여 설계하라.

loop문은 순차처리문이며 반복처리를 하고자 할 때 사용한다. 반복문은 다음과 같다.

- for loop문
- while loop문
- 기본 loop문

```
Port ( X : in std_logic_vector(0 to 3);
                    F : out std_logic);
```

지금까지는 입출력을 모두 비트단위로 선언을 했었다. 4입력 AND 게이트의 입력은 벡터를 사용한다. 입력신호 X는 4비트의 크기를 가지는 논리형 데이터를 의미하며 이와 같은 종류의 신호들은 벡터로 선언하고 사용할 수 있다.

VHDL 코드는 다음과 같다.

```
library IEEE;
use IEEE.STD_LOGIC_1164.ALL;

entity sample6 is
            Port ( X : in std_logic_vector(0 to 3);
                    F : out std_logic);
end sample6;

architecture Behavioral of sample6 is

begin
        process(X)
                variable temp : std_logic;
        begin
            temp :='1';
            for i in 0 to 3 loop
                    temp := X(i) and temp;
             end loop;
             F <= temp;
         end process;

end Behavioral;
```

for loop 변수 I는 선언되지 않고 사용하며 for loop 변수로만 사용한다. "0 to 3"은 변수 I가 0 에서부터 1씩 증가하면서 최종값 3이 될 때 까지 loop 문을 반복 처리한다.

테스트 벤치파일의 시뮬레이션 입력은 다음과 같이 한다.

```
stimulus: process
 begin
   wait for 10ns;
   X <= "0000";
   wait for 10ns;
   X <= "0001";
   wait for 10ns;
   X <= "0010";
   wait for 10ns;
   X <= "0011";
   wait for 10ns;
   X <= "0100";
   wait for 10ns;
   X <= "0101";
   wait for 10ns;
   X <= "0110";
   wait for 10ns;
   X <= "0111";
   wait for 10ns;
   X <= "1000";
   wait for 10ns;
   X <= "1001";
   wait for 10ns;
   X <= "1010";
   wait for 10ns;
   X <= "1011";
   wait for 10ns;
   X <= "1100";
   wait for 10ns;
   X <= "1101";
   wait for 10ns;
   X <= "1110";
   wait for 10ns;
   X <= "1111";
   wait;
 end process
```

Schematic을 확인하면

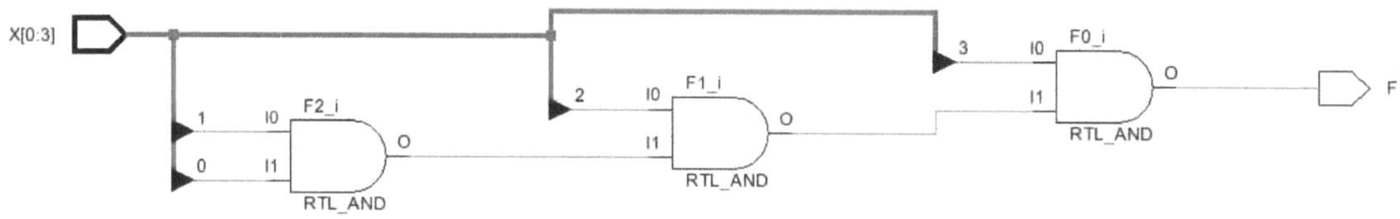

시뮬레이션 결과를 확인하자.

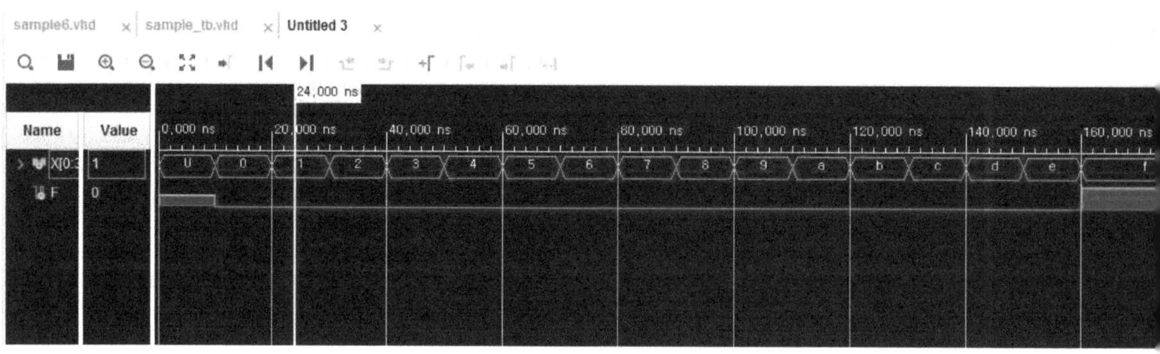

Vector를 풀어서 보면

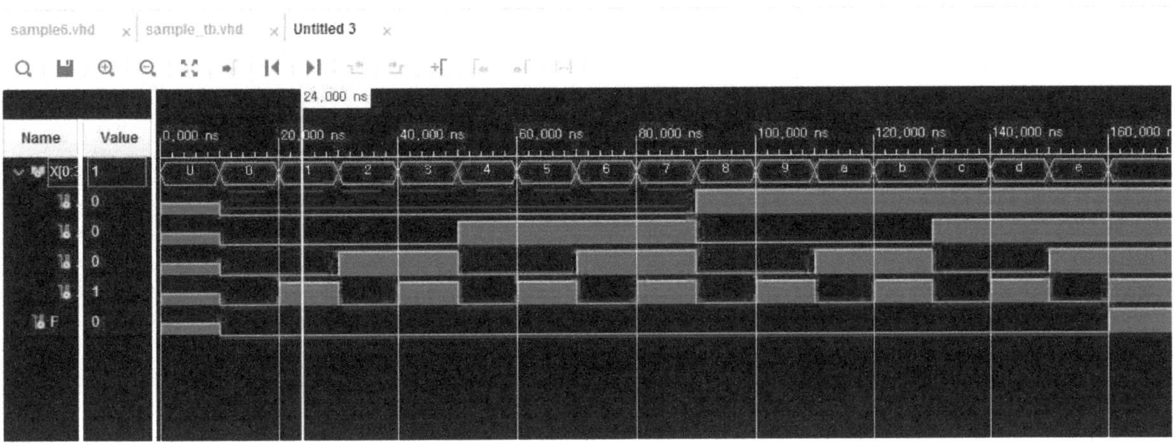

4-4 과제

1. 서술형문제

1-1. 회로도의 진리표를 작성하라.

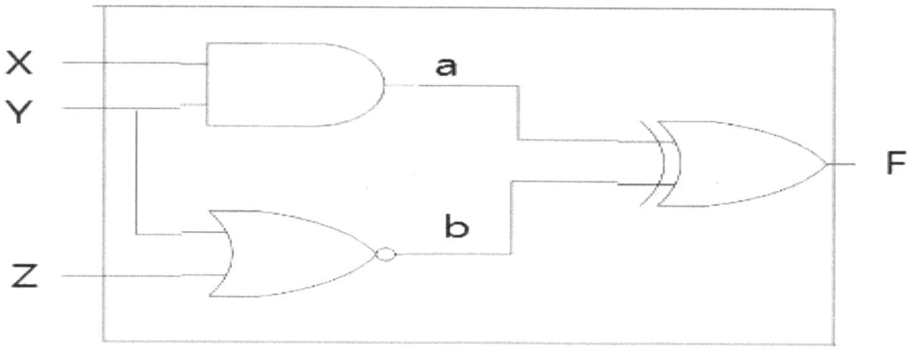

입력			출력
X	Y	Z	F
0	0	0	
0	0	1	
0	1	0	
0	1	1	
1	0	0	
1	0	1	
1	1	0	
1	1	1	

1-2. 서술문제 1-1의 VHDL 소스파일을 완성하고 시뮬레이션 결과를 보이고 설명하라.

```
library IEEE;
use IEEE.STD_LOGIC_1164.ALL;

entity s2 is
 Port (X, Y, Z : in std_logic;
             F : out std_logic );
end s2;

architecture Behavioral of s2 is
    ______________________________
begin
    no1 : process(X, Y)
    begin
            if  (x='0') or  (y='0')       then a<='0';
            else a <= '1';
            end if;
    end process;

    no2 : process(Y, Z)
    begin
            if  (y='1)' or (z='1')        then b <= '0';
            else b <= '1';
            end if;
    end process;

    no3 : process(a, b)
    begin
            if ___________then F<='0';
            else F <= '1';
            end if;
    end process;

end Behavioral;
```

2. 단답형문제

Process 문은 내부적으로 ______________ 를 담당하며 복잡한 알고리듬의 구현을 쉽게 할 수 있다.

3. 선다형문제

3-1. 다음의 process 문은 어떤 게이트를 설계한 것 인가?

```
no1 : process(X, Y)
      begin
           if(X='1') or (Y='1') then a <='1';
           else a <= '0';
           end if;
      end process;
```

가. xor　　나. xnor　　다. and　　라. or

3-2. 다음의 for loop문은 다음중 어떤 반복처리를 하는 가?

```
for i in 0 to 3 loop
    temp := X(i) and temp;
end loop;
```

가. temp := X(0) and temp;

나. temp := X(0) and temp;
temp := X(1) and temp;

다. temp := X(0) and temp;
temp := X(1) and temp;
temp := X(2) and temp;

라. temp := X(0) and temp;
temp := X(1) and temp;
temp := X(2) and temp;
temp := X(3) and temp;

5 LAB Process 문에 사용되는 문

5-1 실습목적

1. 대기문
2. if 조건문

5-2 사용 장비 및 소모품

Vivado가 설치되어 있는 컴퓨터

5-3 실습개념

1. 대기문

동작적표현 방식의 하나로 process문에서 사용되는 문장 중 대기문이 있다. 대기문은 process문을 잠시 대기시켜 놓기 위한 문장으로 process문의 감지신호가 없는 경우 대기문을 사용하여 process의 동작과 정지를 제어한다.

대기문의 형식

```
wait for 10ns;            -- 10nsec 동안 기다린 후, 다음 문장 수행
wait until clk = '1';     -- clk 상승이 있고 난 뒤, 다음 문장 수행
wait on a,b               -- a,b 신호에 변화가 있으면 다음 문장 수행
wait;                     -- 무조건 대기
```

2. 조건문

조건문에는 if문, case문, loop문, exit문, next문, null문, return문 등이 있다. if문에는 일반적 if문, 다중 if문, 기억소자가 내장된 if문 등 3가지 종류가 있다.

일반적 if문은 조건이 2개로 제한되는 것이다.

```
if (조건) then       --조건이 참이면
 {문장1 };           --문장1을 수행
else                 --조건이 거짓이면
 {문장2 };           --문장2를 수행
end if;
```

다중 if문은 조건이 3가지 이상이 주어진 것으로 if문을 순차적으로 처리한다.

```
if (조건1) then      --조건1이 참이면
 {문장1 };           --문장1을 수행
elsif(조건2)         --조건2가 참이면
 {문장2 };           --문장2를 수행.
    .
    .
    .
else                 --조건 모두가 참이 아니면
 {문장n };           --문장n을 수행.
end if;
```

기억소자가 내장된 if문은 if문 중에 else를 포함하지 않은 단일 조건을 말하며

이 경우 조건이 맞지 않으면 과거의 상태를 유지하도록 하는 것이다.

```
if (조건) then      --조건이 참이면
 {문장};            --문장을 수행
end if;             -- 이전 값 유지(기억)
```

else가 없는 if문에서는 조건이 거짓일 경우에 수행하여야 하는 문장이 없으므로 else에 해당하는 출력은 과거의 출력값을 그대로 유지한다. 따라서 출력은 조건이 참이 아닐 때는 이전 값을 유지해야 한다. VHDL에서는 기억소자가 내포된다.

5-4. 실습

1. 일반적 if문의 실습 예는 다음과 같다.

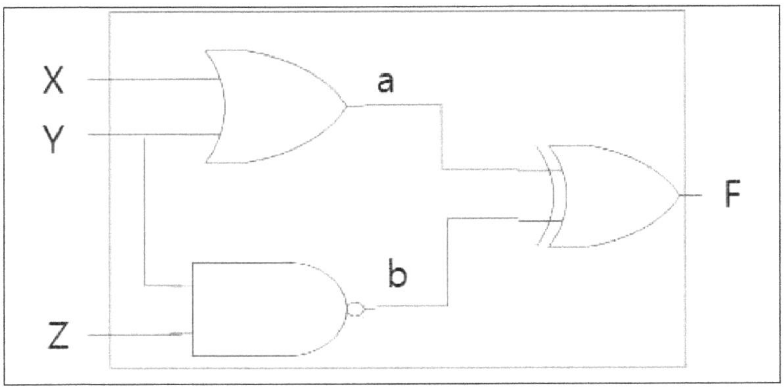

OR 게이트의 기호와 진리표는 다음과 같다

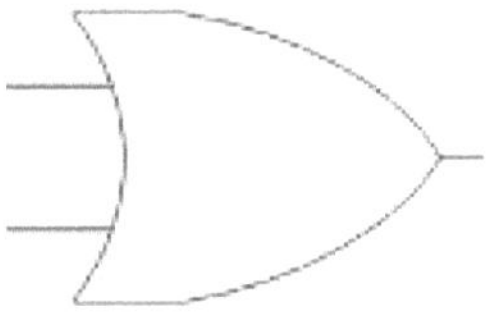

OR 게이트

OR 게이트의 진리표

입력		출력
X	Y	a
0	0	0
0	1	1
1	0	1
1	1	1

Dataflow 방식의 표현은 다음과 같다.

a <= X or Y;

process문내에 IF문을 사용하면 다음과 같다.

```
nol : process(X, Y)
        begin
              if(X='1') or (Y='1') then
                   a <= '1';
              else
                   a <= '0';
              end if;
        end process;
```

```
nol : process(X, Y)
    begin
         if(X='0') and (Y='0') then
              a <= '0';
         else
              a <= '1';
         end if;
    end process;
```

NAND 게이트의 기호와 진리표는 다음과 같다

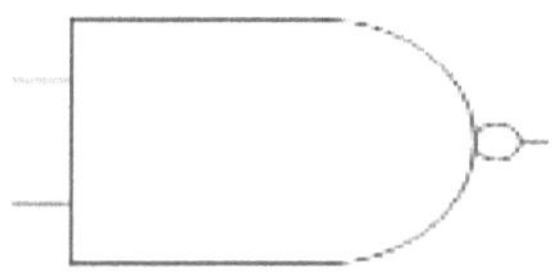

NAND 게이트

NAND 게이트의 진리표

입력		출력
Y	Z	b
0	0	1
0	1	1
1	0	1
1	1	0

Dataflow 방식의 표현은 다음과 같다.

b <= Y nand Z;

process문내에 IF문을 사용하면 다음과 같다.

```
no2 : process(Y, Z)
        begin
           if(Y='1') and (Z='1') then
               b <= '0';
           else
                b <= '1';
           end if;
        end process;
```

XOR 게이트의 기호와 진리표는 다음과 같다

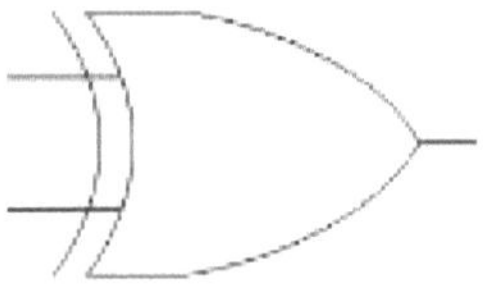

XOR 게이트

XOR 게이트의 진리표

입력		출력
a	b	F
0	0	0
0	1	1
1	0	1
1	1	0

Dataflow 방식의 표현은 다음과 같다.

F <= a xor b;

process문내에 IF문을 사용하면 다음과 같다.

```
no3 : process(a, b)
        begin
              if(a=b) then
                   F <='0';
              else
                   F <= '1';
              end if;
        end process;
```

```
no3 : process(a, b)
        begin
              if(a /= b) then
                   F <='1';
              else
                   F <= '0';
              end if;
        end process;
```

VHDL 로 회로도를 설계하면 다음과 같다.

```
library IEEE;
use IEEE.STD_LOGIC_1164.ALL;

entity sample5 is
         Port ( X, Y, Z : in std_logic;
                      F : out std_logic );
end sample5;

architecture Behavioral of sample5 is
        signal a, b : std_logic;
begin
        no1 : process(X, Y)
        begin
           if(X='1') or (Y='1') then a <='1';
           else a <= '0';
           end if;
         end process;

         no2 : process(Y, Z)
         begin
           if(Y='0') or (Z='0') then b <= '1';
           else b <= '0';
           end if;
         end process;

         no3 : process(a, b)
         begin
           if(a=b) then F <='0';
           else F <= '1';
           end if;
         end process;

end Behavioral;
```

시뮬레이션을 위하여 주어지는 입력은 다음과 같다.

```
stimulus: process
begin

  wait for 100ns;
  X <= '0';
  Y <= '0';
  Z <= '0';
  wait for 100ns;
  X <= '0';
  Y <= '0';
  Z <= '1';
  wait for 100ns;
  X <= '0';
  Y <= '1';
  Z <= '0';
  wait for 100ns;
  X <= '0';
  Y <= '1';
  Z <= '1';
  wait for 100ns;
  X <= '1';
  Y <= '0';
  Z <= '0';
  wait for 100ns;
  X <= '1';
  Y <= '0';
  Z <= '1';
  wait for 100ns;
  X <= '1';
  Y <= '1';
  Z <= '0';
  wait for 100ns;
  X <= '1';
  Y <= '1';
  Z <= '1';
  wait;
end process;
```

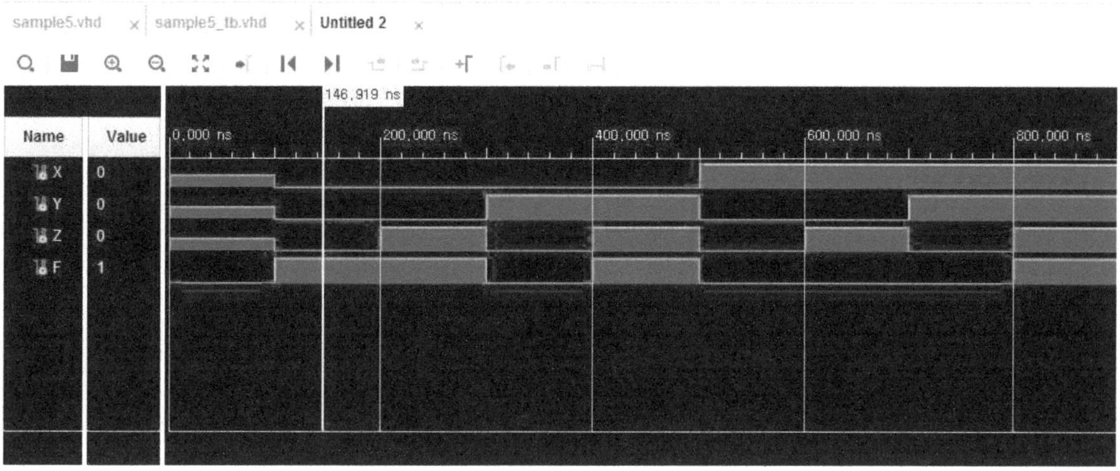

sample5.vhd
sample5_tb.vhd
Untitled 2
146,919 ns
Name
Value
0,000 ns
200,000 ns
400,000 ns
600,000 ns
800,000 ns
X
0
Y
0
Z
0
F
1

2. 다중 if문의 실습 예는 다음과 같다.

2비트 크기 비교기를 VHDL로 기술

```
library IEEE;
use IEEE.STD_LOGIC_1164.ALL;

entity comparator is
    Port ( X : in STD_LOGIC_VECTOR (1 downto 0);
           Y : in STD_LOGIC_VECTOR (1 downto 0);
           LT : out STD_LOGIC;
           EQ : out STD_LOGIC;
           ST : out STD_LOGIC);
end comparator;

architecture Behavioral of comparator is

begin
        process(X,Y)
        begin
            if(X>Y) then
                LT <= '1';
                EQ <= '0';
                ST <= '0';
             elsif(X<Y) then
                LT <= '0';
                EQ <= '0';
                ST <= '1';
             else
                LT <= '0';
                EQ <= '1';
                ST <= '0';
              end if;
          end process;

end Behavioral;
```

Schematic

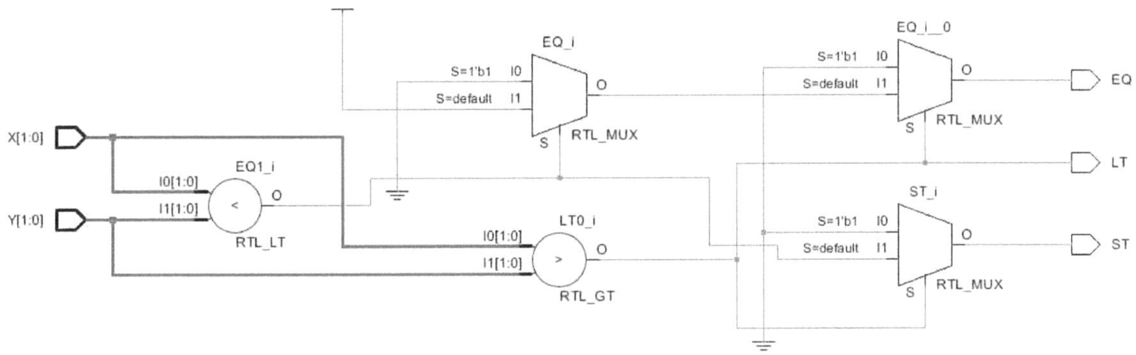

EQ_i
S=1'b1 I0
S=default I1
O
S
RTL_MUX
EQ_i__0
S=1'b1 I0
S=default I1
O
S
RTL_MUX
EQ
LT
X[1:0]
Y[1:0]
EQ1_i
I0[1:0]
I1[1:0]
<
O
RTL_LT
LT0_i
I0[1:0]
I1[1:0]
>
O
RTL_GT
ST_i
S=1'b1 I0
S=default I1
O
S
RTL_MUX
ST

test bench 파일

```
library IEEE;
use IEEE.Std_logic_1164.all;
use IEEE.Numeric_Std.all;

entity comparator_tb is
end;

architecture bench of comparator_tb is

  component comparator
      Port ( X : in STD_LOGIC_VECTOR (1 downto 0);
             Y : in STD_LOGIC_VECTOR (1 downto 0);
             LT : out STD_LOGIC;
             EQ : out STD_LOGIC;
             ST : out STD_LOGIC);
  end component;

  signal X: STD_LOGIC_VECTOR (1 downto 0);
  signal Y: STD_LOGIC_VECTOR (1 downto 0);
  signal LT: STD_LOGIC;
  signal EQ: STD_LOGIC;
  signal ST: STD_LOGIC;

begin

  uut: comparator port map ( X  => X,
                             Y  => Y,
                             LT => LT,
                             EQ => EQ,
                             ST => ST );

  stimulus: process
  begin
```

```
wait for 10ns;
 X <= "00";
 Y <= "00";

 wait for 10ns;
 X <= "00";
 Y <= "01";

   wait for 10ns;
 X <= "00";
 Y <= "10";

   wait for 10ns;
 X <= "00";
 Y <= "11";

   wait for 10ns;
 X <= "01";
 Y <= "00";

 wait for 10ns;
 X <= "01";
 Y <= "01";

   wait for 10ns;
 X <= "01";
 Y <= "10";

   wait for 10ns;
 X <= "01";
 Y <= "11";

   wait for 10ns;
 X <= "10";
 Y <= "00";

 wait for 10ns;
 X <= "10";
 Y <= "01";
```

```
      wait for 10ns;
    X <= "10";
    Y <= "10";

      wait for 10ns;
    X <= "10";
    Y <= "11";

      wait for 10ns;
    X <= "11";
    Y <= "00";

    wait for 10ns;
    X <= "11";
    Y <= "01";

      wait for 10ns;
    X <= "11";
    Y <= "10";

      wait for 10ns;
    X <= "11";
    Y <= "11";
    wait;
  end process;


end;
```

시뮬레이션 결과

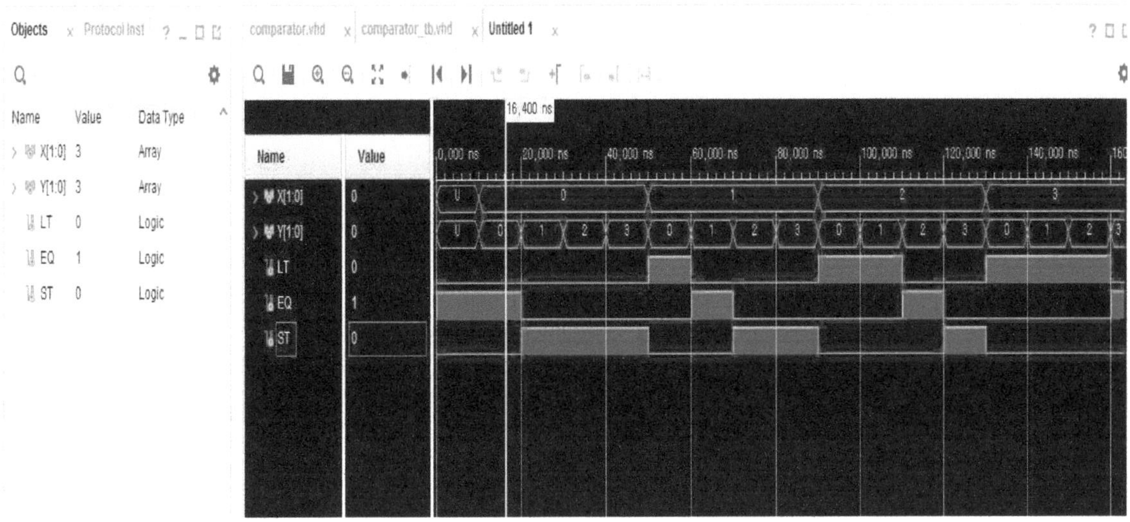

3. 기억소자가 내포된 if문의 실습 예는 다음과 같다.

D latch는 입력 제어신호 en 이 1일 때 입력신호 d가 출력 Q로 전달되는 회로를 설계한 것이다.

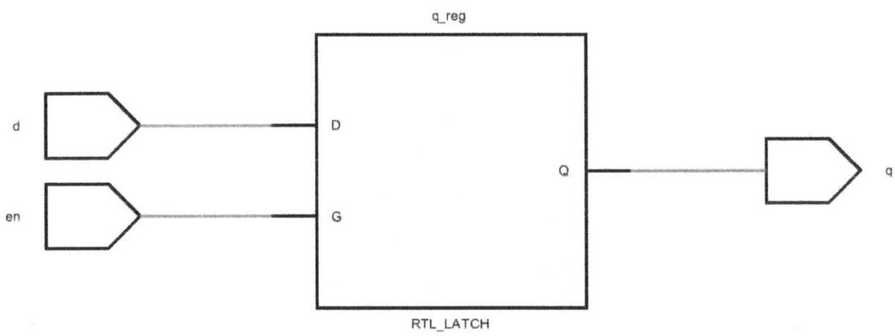

소스파일은 다음과 같다.

```
library IEEE;
use IEEE.STD_LOGIC_1164.ALL;



entity Dlatch is
  Port ( d, en : in std_logic;
         q : out std_logic );
end Dlatch;

architecture Behavioral of Dlatch is

begin

    process(d, en)
    begin
        if (en='1') then
            q <= d;
        end if;
    end process;

end Behavioral;
```

test bench 파일은 다음과 같다.

```
library IEEE;
use IEEE.Std_logic_1164.all;
use IEEE.Numeric_Std.all;
entity Dlatch_tb is
end;
architecture bench of Dlatch_tb is
  component Dlatch
    Port ( d, en : in std_logic;
           q : out std_logic );
  end component;
  signal d, en: std_logic;
  signal q: std_logic ;
begin
  uut: Dlatch port map ( d  => d,
                         en => en,
                         q  => q );
  stimulus: process
  begin
    wait for 50ns;
    en <= '0';
    d <= '0';
    wait for 50ns;
    en <= '0';
    d <= '1';
    wait for 50ns;
    en <= '1';
    d <= '0';
    wait for 50ns;
    en <= '1';
    d <= '1';
    wait;
  end process;
end;
```

시뮬레이션 결과는 다음과 같다.

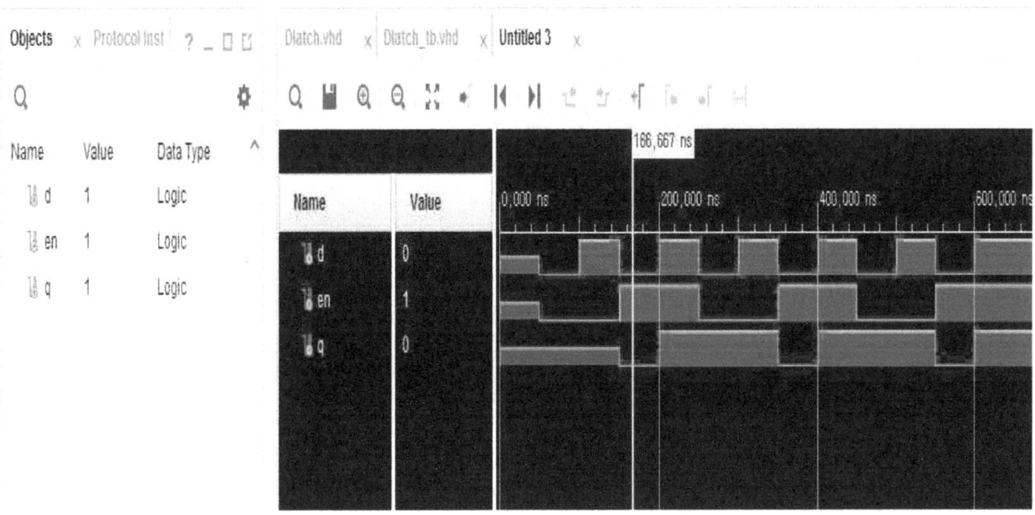

5-5 과제

1. 서술형문제

1-1. 2비트 크기비교기의 진리표를 작성하고 VHDL로 구현한 후 시뮬레이션결과를 보여라

Y1	Y0	X1	X0	X=Y	X>Y	X<Y
0	0	0	0	1	0	0
0	0	0	1	0	1	0
0	0	1	0			
0	0	1	1			
0	1	0	0			
0	1	0	1			
0	1	1	0	0	1	0
0	1	1	1			
1	0	0	0			
1	0	0	1			
1	0	1	0			
1	0	1	1			
1	1	0	0	0	0	1
1	1	0	1			
1	1	1	0			
1	1	1	1	1	0	0

1-2. 기억소자가 내포된 if문의 예로서 D latch는 입력 제어신호 en 이 1일 때 입력신호 d가 출력 Q로 전달되는 회로를 VHDL로 설계하고 시뮬레이션 결과를 보여라.

2. 단답형문제

다중 if문은 조건이 ________ 이 주어진 것으로 if문을 순차적으로 처리한다.

3. 선다형문제

3-1. wait for 10ns; 은 다음 중 어떤 의미로 사용되었는가?
가. 10nsec 동안 기다린 후, 다음 문장 수행
나. clk 상승이 있은 후, 다음 문장 수행
다. a, b 신호에 변화가 있으면 다음 문장 수행
라. 무조건 대기

3-2. wait until clk = '1'; 은 다음 중 어떤 의미로 사용되었는가?
가. 10nsec 동안 기다린 후, 다음 문장 수행
나. clk 상승이 있은 후, 다음 문장 수행
다. a, b 신호에 변화가 있으면 다음 문장 수행
라. 무조건 대기

6 LAB 가산기(case문)

6-1 실습목적

1. 반가산기
2. 전가산기

6-2 사용 장비 및 소모품

Vivado가 설치되어 있는 컴퓨터

6-3 실습개념

1. 가산기

반가산기(HA : Half Adder)는 두 입력에 대한 덧셈을 수행하며 자리올림(Carry)이 발생될 수 있다.

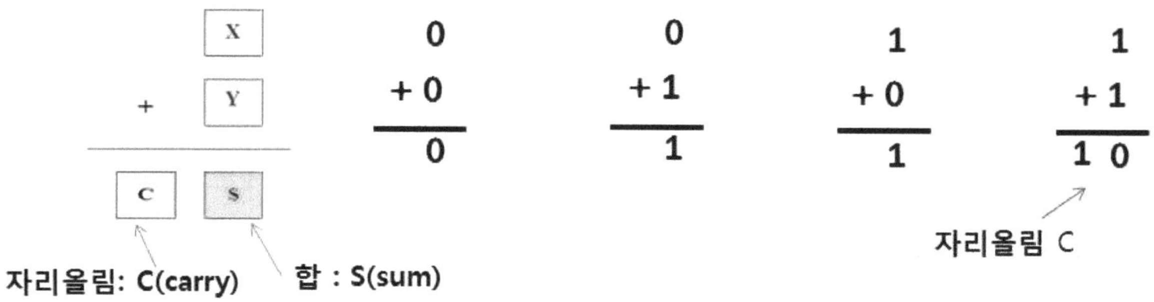
X
+ Y
C S
자리올림: C(carry)
합 : S(sum)
0 + 0 = 0
0 + 1 = 1
1 + 0 = 1
1 + 1 = 1 0
자리올림 C

진리표와 불대수는 다음과 같다.

입력		출력	
X	Y	S	C
0	0	0	0
0	1	1	0
1	0	1	0
1	1	0	1
		Exclusive OR	AND

$$C = X \cdot Y$$

$$S = \overline{X}Y + X\overline{Y} = X \oplus Y$$

논리회로도는 다음과 같다.

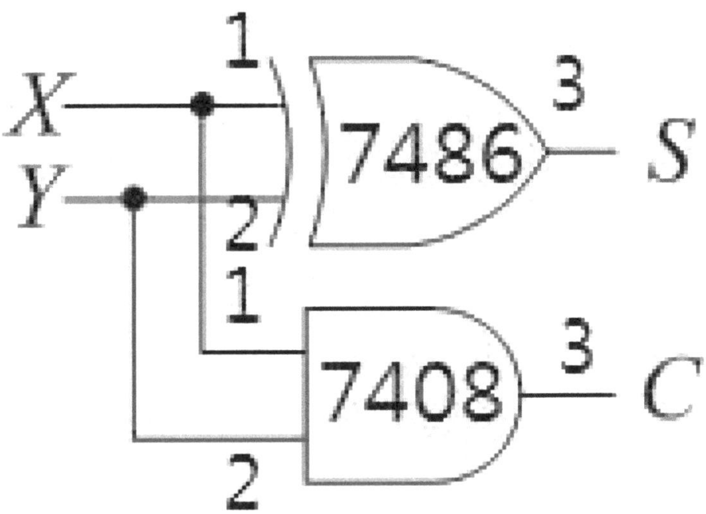

전 가산기(FA : Full Adder)는 두 입력과 하위비트 자리올림 값에 대해 덧셈을 수행한다.

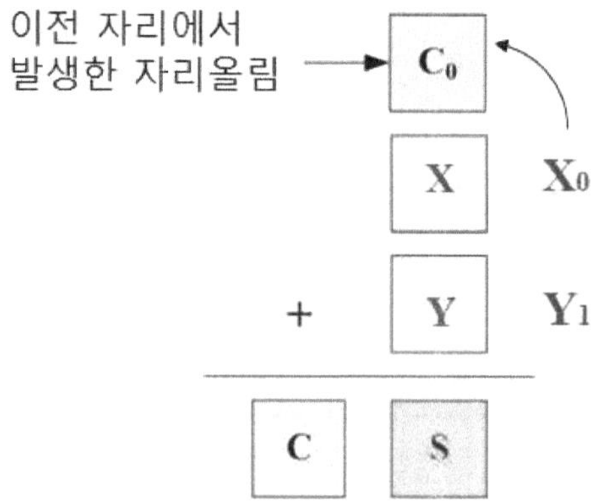

0	1	0	1
0	0	0	0
+0	+0	+1	+1
00	01	01	10
0	1	0	1
1	1	1	1
+0	+0	+1	+1
01	10	10	11

진리표 및 논리식

입력			출력	
X	Y	C_0	C	S
0	0	0	0	0
0	0	1	0	1
0	1	0	0	1
0	1	1	1	0
1	0	0	0	1
1	0	1	1	0
1	1	0	1	0
1	1	1	1	1

$$\begin{aligned} S &= X'Y'C_o+X'YC_o'+XY'C_o'+XYC_o \\ &= X'(Y'C_o+YC_o')+X(Y'C_o'+YC_o). \\ &= X'(Y\oplus C_o) + X(Y\oplus C_o)' \\ &= X\oplus(Y\oplus C_o) \\ &= X\oplus Y\oplus C_o \end{aligned}$$

$$\begin{aligned} C &= X'YC_o + XY'C_o+XYC_o'+XYC_o \\ &= C_o(X'Y+XY')+XY('C_o'+C_o) \\ &= C_o\,(X\oplus Y) + XY \end{aligned}$$

논리회로는 다음과 같다.

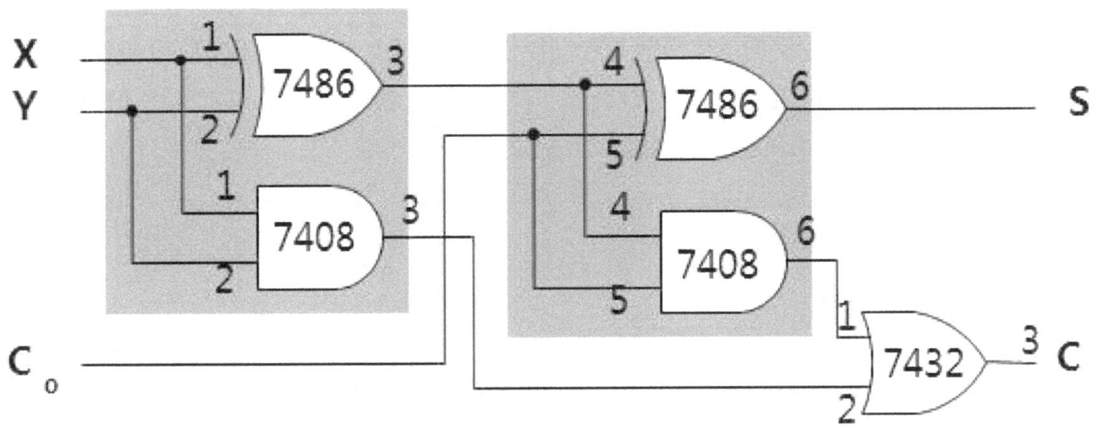

2. case문

case문은 조건에 따라 문장을 선택하는 if문과는 달리 수식의 값에 따라 문장을 선택하는 조건문이다. 진리표를 그래도 VHDL의 case문으로 옮기기 때문에 설계시간을 줄여줄 수 있고 간소화과정의 오류를 줄일 수 있다.

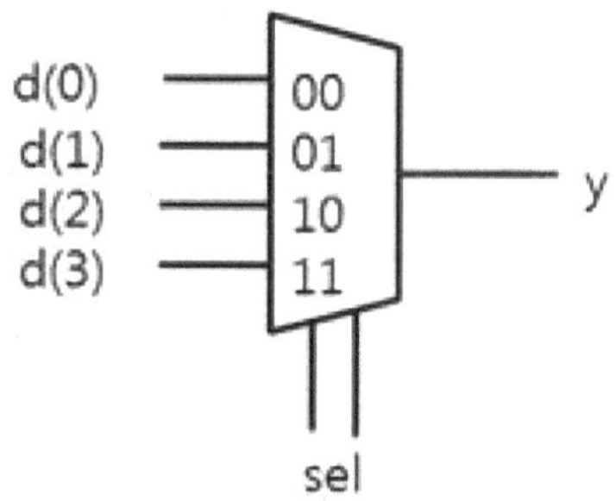


```
case sel is                -- sel 값을 확인하여
when "00" =>               -- sel 값이 "00" 이면
    y <= d(0);             -- y <= d(0)를 수행
when "01" =>               -- sel 값이 "01" 이면
    y <= d(1);             -- y <= d(1)을 수행
when "10" =>               -- sel 값이 "10" 이면
    y <= d(2);             -- y <= d(2)를 수행
when others =>             -- sel 값이 기타이면 즉 "11" 이면
    y <= d(3);             -- y <= d(3)를 수행
end case
```

6-4. 실습

1. 반가산기 설계하기

자료흐름적 표현

```
library IEEE;
use IEEE.STD_LOGIC_1164.ALL;

entity halfadder is
        Port (  x,y : in std_logic;
                sum, carry : out std_logic );
end halfadder;

architecture Behavioral of halfadder is

begin
        sum <= x xor y;
        carry <= x and y;

end Behavioral;
```

진리표를 이용한 반가산기 설계

```
library IEEE;
use IEEE.STD_LOGIC_1164.ALL;

entity FA is
          Port ( x,y : in std_logic;
                 sum, carry : out std_logic );
end FA;

architecture Behavioral of FA is
        signal sel : std_logic_vector(1 downto 0);
begin
        sel <= x&y;
        process(sel)
        begin
            case sel is
                when "00" =>
                    carry <= '0';
                    sum <= '0';
                when "01" =>
                    carry <= '0';
                    sum <= '1';
                when "10" =>
                    carry <= '0';
                    sum <= '1';
                when "11" =>
                    carry <= '1';
                    sum <= '0';
                when others => null;
            end case;
        end process;

end Behavioral;
```

시뮬레이션 결과는 다음과 같다.

X = 0, Y = 0 -> S = 0, C = 0

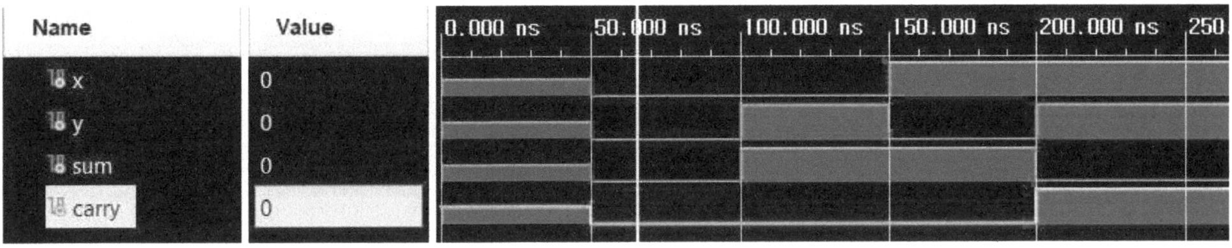

X = 0, Y = 1 -> S = 1, C = 0

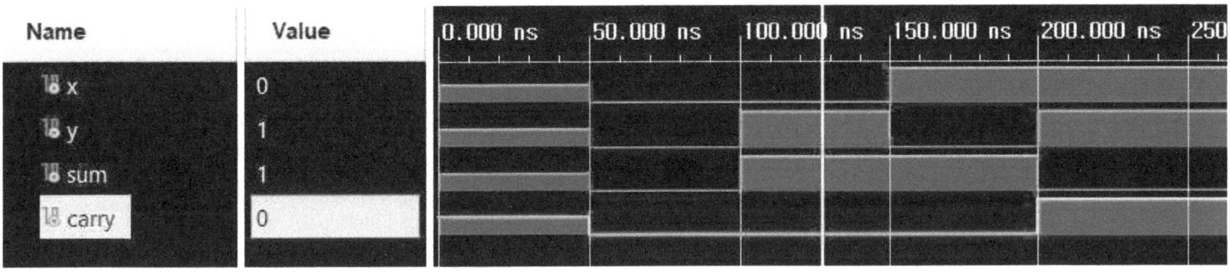

X = 1, Y = 0 -> S = 1, C = 0

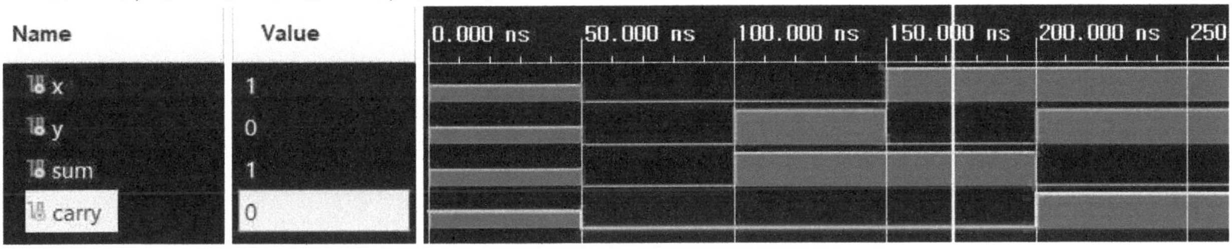

X = 1, Y = 1 -> S = 0, C = 1

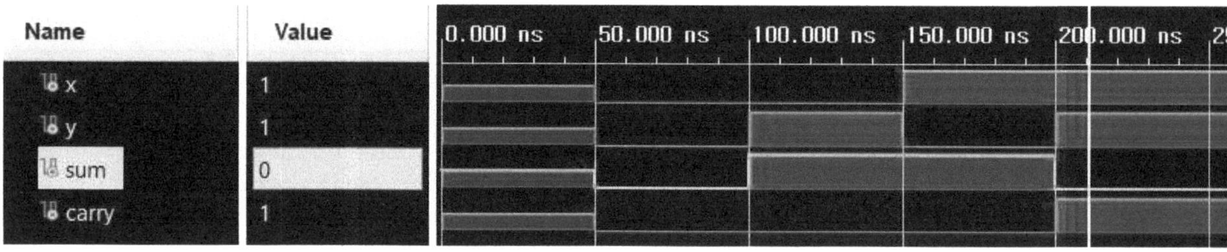
Name
Value
x
y
sum
carry
1
1
0
1
0.000 ns
50.000 ns
100.000 ns
150.000 ns
200.000 ns

2. 진리표를 이용하여 전가산기 설계하기

입력			출력	
X	Y	C_0	C	S
0	0	0	0	0
0	0	1	0	1
0	1	0	0	1
0	1	1	1	0
1	0	0	0	1
1	0	1	1	0
1	1	0	1	0
1	1	1	1	1

$$
\begin{aligned}
S &= X'Y'C_o + X'YC_o' + XY'C_o' + XYC_o \\
&= X'(Y'C_o + YC_o') + X(Y'C_o' + YC_o). \\
&= X'(Y \oplus C_o) + X(Y \oplus C_o)' \\
&= X \oplus (Y \oplus C_o) \\
&= X \oplus Y \oplus C_o
\end{aligned}
$$

$$
\begin{aligned}
C &= X'YC_o + XY'C_o + XYC_o' + XYC_o \\
&= C_o(X'Y + XY') + XY('C_o' + C_o) \\
&= C_o (X \oplus Y) + XY
\end{aligned}
$$

전가산기 소스파일은 다음과 같다.

```
library IEEE;
use IEEE.STD_LOGIC_1164.ALL;

entity FA is
          Port ( x,y : in std_logic;
                 c0  : in std_logic;
                 sum, carry : out std_logic );
end FA;

architecture Behavioral of FA is
        signal k : std_logic_vector(2 downto 0);
begin
        k <= x&y&c0;
        process(k)
        begin
            case k is
                when "000" =>
                    carry <= '0';
                    sum <= '0';
               when "001" =>
                    carry <= '0';
                    sum <= '1';
               when "010" =>
                    carry <= '0';
                    sum <= '1';
               when "011" =>
                    carry <= '1';
                    sum <= '0';
               when "100" =>
                    carry <= '0';
                    sum <= '1';
               when "101" =>
                    carry <= '1';
                    sum <= '0';
               when "110" =>
                    carry <= '1';
                    sum <= '0';
               when "111" =>
                    carry <= '1';
                    sum <= '1';
               when others => null;
           end case;
       end process;
end Behavioral;
```

test bench 파일은 다음과 같다.

```
stimulus: process
begin
      wait for 30ns;
      x <= '0';
      y <= '0';
      c0 <= '0';
       wait for 30ns;
      x <= '0';
      y <= '0';
      c0 <= '1';
      wait for 30ns;
      x <= '0';
      y <= '1';
      c0 <= '0';
       wait for 30ns;
      x <= '0';
      y <= '1';
      c0 <= '1';
       wait for 30ns;
      x <= '1';
      y <= '0';
      c0 <= '0';
      wait for 30ns;
      x <= '1';
      y <= '0';
      c0 <= '1';
      wait for 30ns;
      x <= '1';
      y <= '1';
      c0 <= '0';
      wait for 30ns;
      x <= '1';
      y <= '1';
    c0 <= '1';
  wait;
end process;
end;
```

시뮬레이션 결과는 다음과 같다.

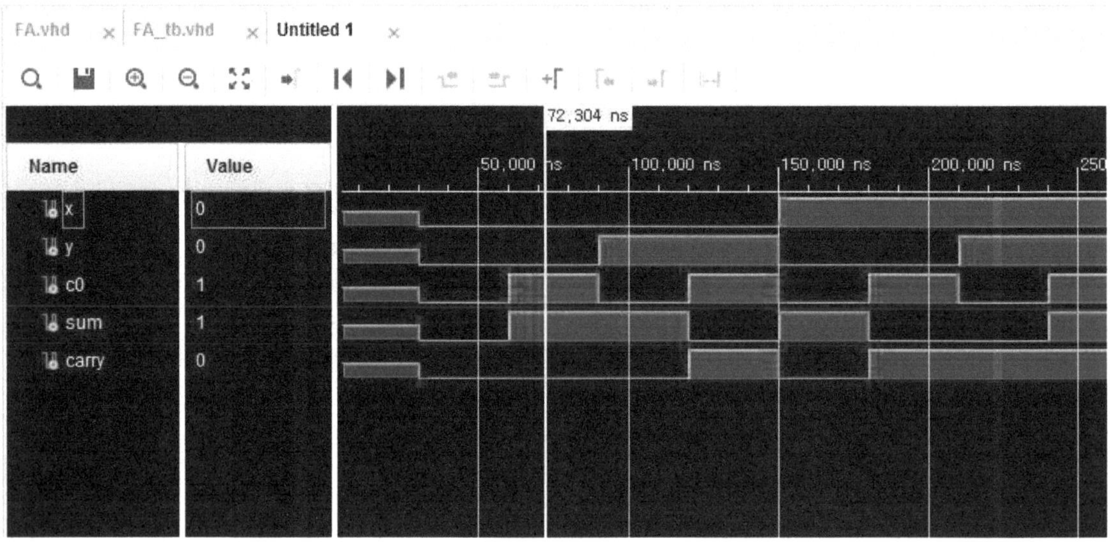

2. 간략화된 논리식에 의한 전가산기 설계

입력			출력	
X	Y	C_0	C	S
0	0	0	0	0
0	0	1	0	1
0	1	0	0	1
0	1	1	1	0
1	0	0	0	1
1	0	1	1	0
1	1	0	1	0
1	1	1	1	1

$$
\begin{aligned}
S &= X'Y'C_o + X'YC_o' + XY'C_o' + XYC_o \\
&= X'(Y'C_o + YC_o') + X(Y'C_o' + YC_o). \\
&= X'(Y \oplus C_o) + X(Y \oplus C_o)' \\
&= X \oplus (Y \oplus C_o) \\
&= X \oplus Y \oplus C_o
\end{aligned}
$$

$$
\begin{aligned}
C &= X'YC_o + XY'C_o + XYC_o' + XYC_o \\
&= C_o(X'Y + XY') + XY('C_o' + C_o) \\
&= C_o(X \oplus Y) + XY
\end{aligned}
$$

소스파일은 다음과 같다.

```
library IEEE;
use IEEE.STD_LOGIC_1164.ALL;


entity FA2 is
            Port (x,y,c0 : in std_logic;
            sum, carry : out std_logic );
end FA2;

architecture Behavioral of FA2 is

begin
     sum <= x xor y xor c0;
       carry <= ( c0 and (x xor y)) or (x and y)
;

end Behavioral;
```

시뮬레이션 결과는 다음과 같다.

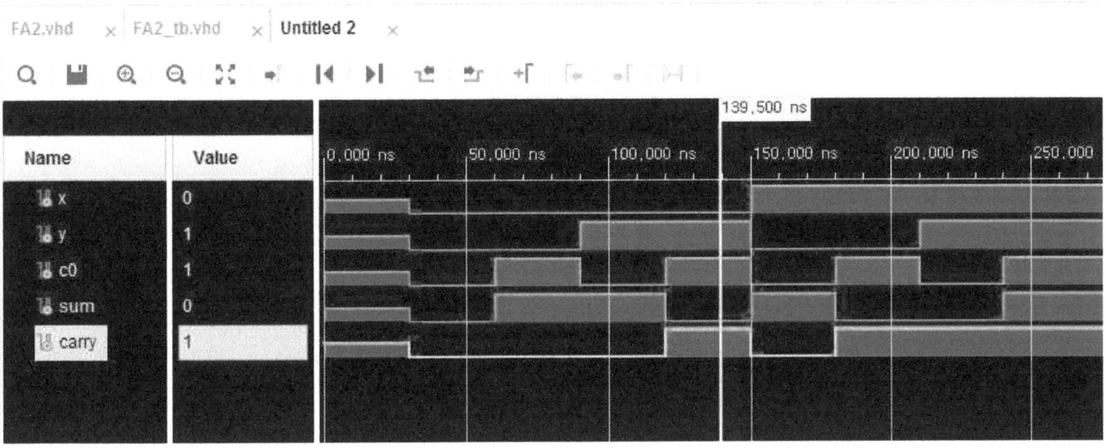

6-5 과제

1. 서술형문제

1-1. Half Adder(반가산기)를 case문을 이용하여 설계하라. 또 자료표현방식으로 설계하라.

입력		출력	
X	Y	S	C
0	0	0	0
0	1	1	0
1	0	1	0
1	1	0	1
		Exclusive OR	AND

$$C = X \cdot Y$$

$$S = \overline{X}Y + X\overline{Y} = X \oplus Y$$

1-2. Full Adder(전가산기)를 case문을 이용하여 설계하라. 또 자료표현방식으로 설계하라.

2. 단답형문제

case문은 조건에 따라 문장을 선택하는 if문과는 달리 ______________에 따라 문장을 선택하는 조건문이다.

3. 선다형문제

3-1. 두 입력에 대한 덧셈을 수행하며 자리올림(Carry)이 발생될 수 있는 조합논리회로는 ?

가. 반가산기

나. 전가산기

다. 전감산기

라. 다중화기

3-2. 두 입력과 하위비트 자리올림 값에 대해 덧셈을 수행하는 조합논리회로는 ?

가. 반가산기

나. 전가산기

다. 전감산기

라. 다중화기

7 LAB 병행처리문

7-1 실습목적

1. 조건적 병행처리문
2. 선택적 병행처리문

7-2 사용 장비 및 소모품

Vivado가 설치되어 있는 컴퓨터

7-3 실습개념

하드웨어 회로에서는 입력선에서 출력선으로 신호가 전달되어 처리될 때 순차 처리되는 것이 아니라 병행처리(Concurrent)된다. 따라서 하드웨어 구조를 기술하는 VHDL의 문장은 병행처리를 고려한 것이라 할 수 있다. Architecture 문 내부에 표현되는 모든 VHDL 문장은 process 문의 내부를 제외하고는 모두가 기술된 순서와 관계없이 병행처리 되는 것이다.

이러한 병행처리문에는 조건적 병행처리문 (when ~ else)과 선택적 병행처리문(with~select)이 있다. 조건적 병행처리문은 조건식 검사를 하여 수행여부를 판단하는 것이고 선택적 병행처리문은 수식 값에 따라 수행여부를 판단하는 것이다.

1. 조건적 병행처리문

조건적 병행처리문은 순차처리문인 if 문과 유사하다.

```
signal_이름<=파형1 when(조건1) else

             파형2  when(조건2) else
                      0
                      0
             파형n-1 when (조건n-1) else

             파형n;
```

다음회로의 진리표를 완성하라.

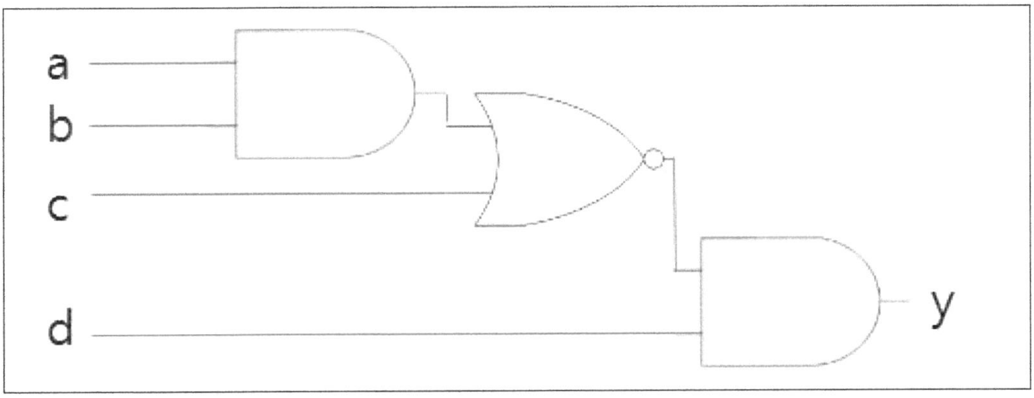

a	b	c	d	y
0	0	0	0	
0	0	0	1	
0	0	1	0	
0	0	1	1	
0	1	0	0	
0	1	0	1	
0	1	1	0	
0	1	1	1	
1	0	0	0	
1	0	0	1	
1	0	1	0	
1	0	1	1	
1	1	0	0	
1	1	0	1	
1	1	1	0	
1	1	1	1	

소스파일은 다음과 같다.

```
library IEEE;
use IEEE.STD_LOGIC_1164.ALL;



entity whenelse is
 Port ( a,b,c,d : in std_logic;
          Y :out std_logic);
end whenelse;

architecture Behavioral of whenelse is

begin
        y <='0' when (d = '0') else
             '0' when (c = '1') else
             '0' when (a='1') and (b='1') else
             '1';

end Behavioral;
```

test bench 파일은 다음과 같다.

```
stimulus: process
  begin
  wait for 10ns;
  a <='0';
  b <='0';
  c<='0';
  d <='0';
  wait for 10ns;
  a <='0';
  b <='0';
  c<='0';
  d <='1';
  wait for 10ns;
  a <='0';
  b <='0';
  c<='1';
  d <='0';
  wait for 10ns;
  a <='0';
  b <='0';
  c<='1';
  d <='1';

   wait for 10ns;
  a <='0';
  b <='1';
  c<='0';
  d <='0';
  wait for 10ns;
  a <='0';
  b <='1';
  c<='0';
  d <='1';
  wait for 10ns;
  a <='0';
  b <='1';
  c<='1';
  d <='0';
  wait for 10ns;
  a <='0';
  b <='1';
  c<='1';
  d <='1';
```

```
Wait for 10ns;
  a <='1';
  b <='0';
  c<='0';
  d <='0';
  wait for 10ns;
  a <='1';
  b <='0';
  c<='0';
  d <='1';
  wait for 10ns;
  a <='1';
  b <='0';
  c<='1';
  d <='0';
  wait for 10ns;
  a <='1';
  b <='0';
  c<='1';
  d <='1';

   wait for 10ns;
  a <='1';
  b <='1';
  c<='0';
  d <='0';
  wait for 10ns;
  a <='1';
  b <='1';
  c<='0';
  d <='1';
  wait for 10ns;
  a <='1';
  b <='1';
  c<='1';
  d <='0';
  wait for 10ns;
  a <='1';
  b <='1';
  c<='1';
  d <='1';
    wait;
  end process;
```

시뮬레이션 결과는 다음과 같다.

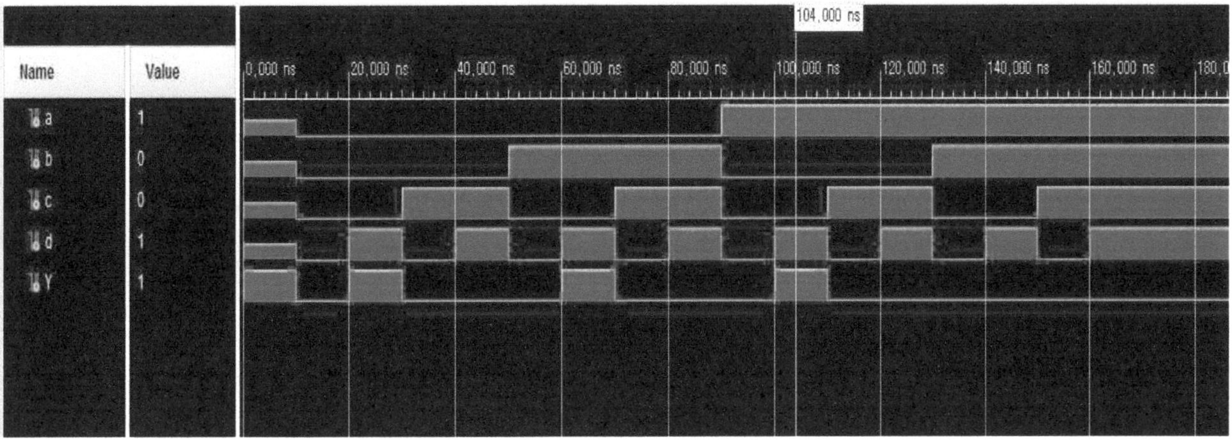

2. 선택적 병행처리문

선택적 병행처리문은 with 이하의 수식 값에 의해 판단하며, case문과 유사하다.

```
with (수식) selects

     signal_이름 <= 파형1 when(선택값1),

                     파형2 when(선택값2),
                               0
                               0
                     파형n-1 when(선택값n-1),

                     파형n   when others;
```

디코더(Decoder)

- 입력값에 대응하는 하나의 신호를 출력하는 조합논리회로
- 입력이 n 개이라면 출력은 2^n 개
- 컴퓨터의 ROM, RAM에서 주소를 지정하는 데 사용

2×4 디코더

: 2개의 입력에 따라서 4개의 출력중 하나가 선택

입력		출력			
B	A	Y_3	Y_2	Y_1	Y_0
0	0	0	0	0	1
0	1	0	0	1	0
1	0	0	1	0	0
1	1	1	0	0	0

$$Y_0 = \overline{B}\,\overline{A} \quad Y_1 = \overline{B}A$$

$$Y_2 = B\overline{A} \quad Y_3 = BA$$

<진리표와 논리식>

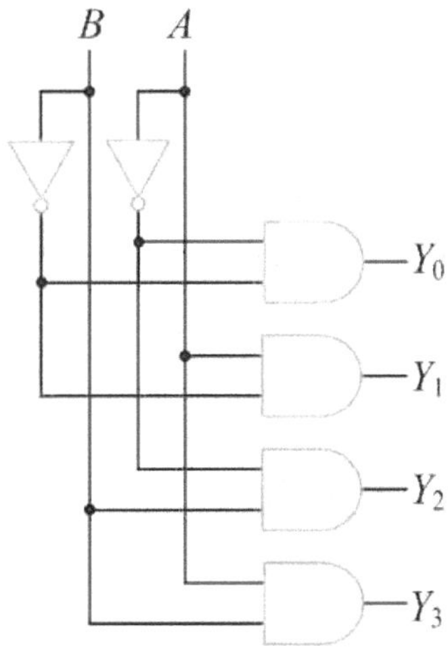

<회로도>

2*4 디코더 회로를 선택적 병행처리문으로 설계

소스파일은 다음과 같다.

```
library IEEE;
use IEEE.STD_LOGIC_1164.ALL;

entity withselect is
                Port ( x : in std_logic_vector(1 downto 0);
                       y : out std_logic_vector(3 downto 0) );
end withselect;

architecture Behavioral of withselect is

begin
    with x select
        y <= "0001" when "00",
             "0010" when "01",
             "0100" when "10",
             "1000" when others;

end Behavioral;
```

test bench 파일은 다음과 같다.

```
  stimulus: process
  begin
     wait for 10ns;
    x <= "00";
      wait for 10ns;
    x <= "01";
      wait for 10ns;
    x <= "10";
      wait for 10ns;
    x <= "11";
    wait;
  end process;
end;
```

시뮬레이션 결과는 다음과 같다.

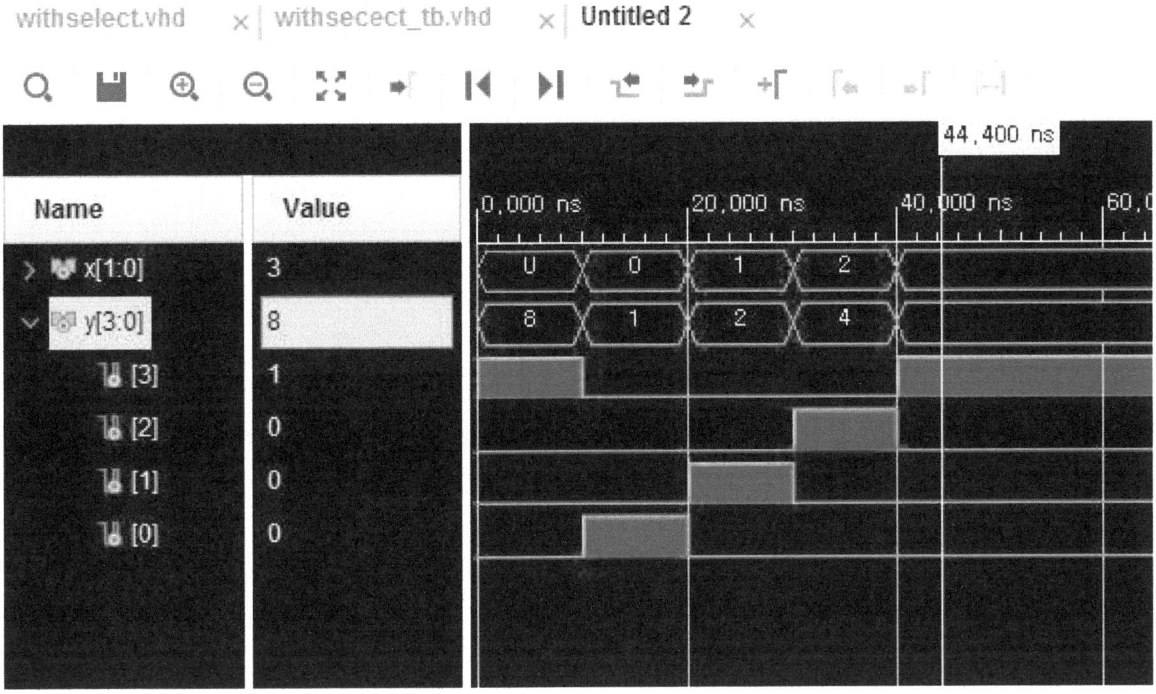

3*8 디코더를 선택적 병행처리문으로 설계하라.

3×8 디코더

- 3개의 입력에 따라서 8개의 출력 중 하나가 선택

입력			출력							
C	B	A	Y_7	Y_6	Y_5	Y_4	Y_3	Y_2	Y_1	Y_0
0	0	0	0	0	0	0	0	0	0	1
0	0	1	0	0	0	0	0	0	1	0
0	1	0	0	0	0	0	0	1	0	0
0	1	1	0	0	0	0	1	0	0	0
1	0	0	0	0	0	1	0	0	0	0
1	0	1	0	0	1	0	0	0	0	0
1	1	0	0	1	0	0	0	0	0	0
1	1	1	1	0	0	0	0	0	0	0

$$Y_0 = \overline{C}\,\overline{B}\,\overline{A},\quad Y_1 = \overline{C}\,\overline{B}A,\quad Y_2 = \overline{C}B\overline{A},\quad Y_3 = \overline{C}BA$$

$$Y_4 = C\overline{B}\,\overline{A},\quad Y_5 = C\overline{B}A,\quad Y_6 = CB\overline{A},\quad Y_7 = CBA$$

<진리표와 논리식>

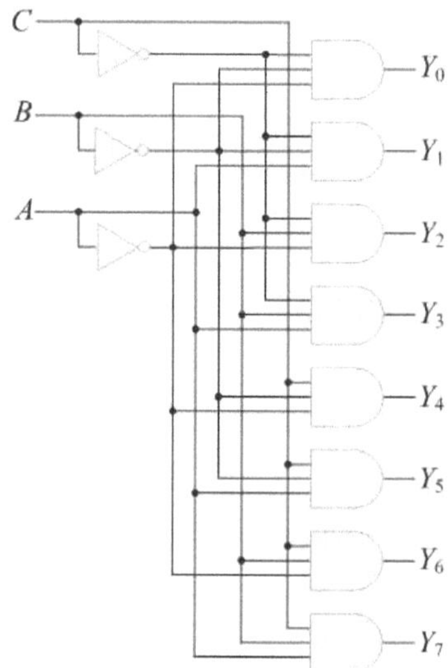

<회로도>

소스파일은 다음과 같다.

```
library IEEE;
use IEEE.STD_LOGIC_1164.ALL;

entity withselect is
                Port ( x : in std_logic_vector(2 downto 0);
                       y : out std_logic_vector(7 downto 0) );
end withselect;

architecture Behavioral of withselect is

begin
    with x select
        y <= "00000001" when "000",
             "00000010" when "001",
             "00000100" when "010",
             "00001000" when "011",
             "00010000" when "100",
             "00100000" when "101",
             "01000000" when "110",
             "10000000" when others;


end Behavioral;
```

test bench 파일은 다음과 같다.

```
  stimulus: process
  begin

    wait for 10ns;
    x <= "000";
    wait for 10ns;
    x <= "001";
    wait for 10ns;
    x <= "010";
    wait for 10ns;
    x <= "011";
     wait for 10ns;
    x <= "100";
    wait for 10ns;
    x <= "101";
    wait for 10ns;
    x <= "110";
    wait for 10ns;
    x <= "111";
    wait;
  end process;
end;
```

시뮬레이션 결과는 다음과 같다.

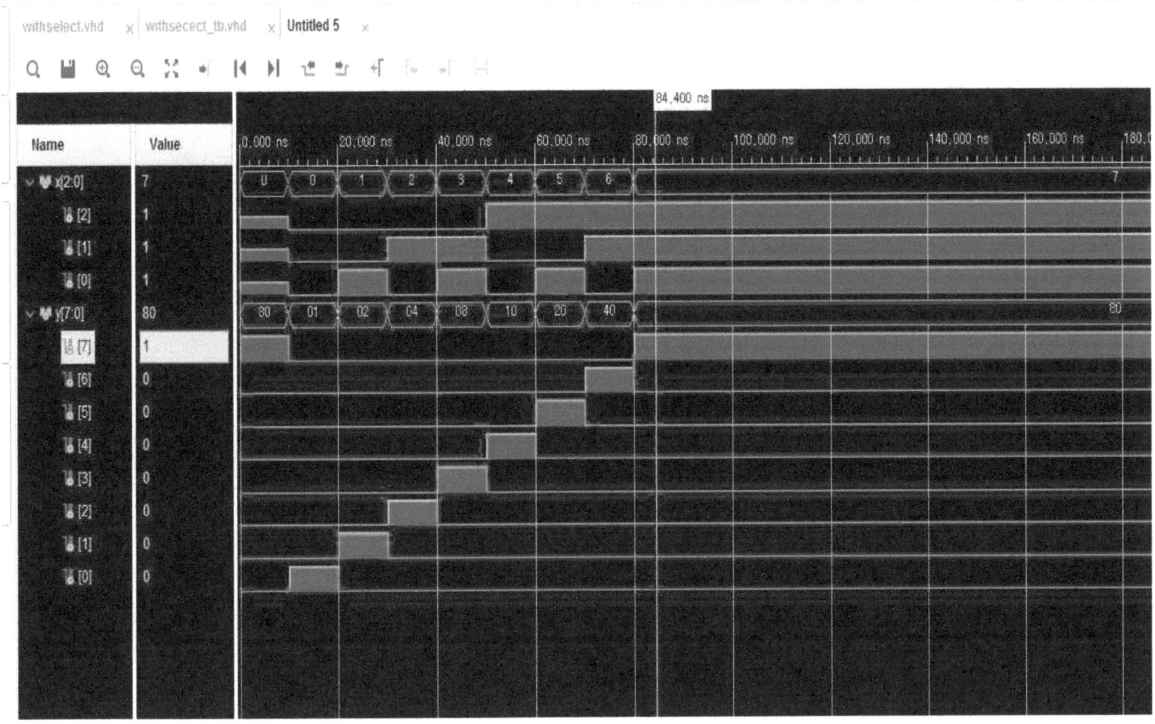

7-4 과제

1. 서술형문제

1-1. 다음회로를 조건적 병행처리문(when else문)과 다중 if문으로 각각 설계하여 보고 시뮬레이션 결과가 일치하는지를 알아보자.

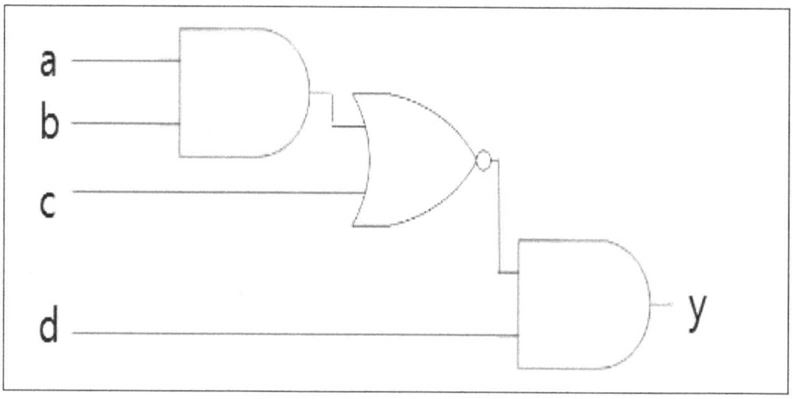

1-2. 3*8 디코더를 선택적 병행처리문으로 설계하라. 또한 case 문을 이용하여 설계하고 결과를 비교하라.

2. 단답형문제

Architecture 문 내부에 표현되는 모든 VHDL 문장은 ____________ 내부를 제외하고는 모두가 기술된 순서와 관계없이 병행 처리되는 것이다.

3. 선다형문제

3-1. 조건적 병행처리문은 순차처리문의 어느 것과 유사한가?

가. if 문

나. case 문

다. loop 문

라. for loop문

3-2. 선택적 병행처리문은 순차처리문의 어느 것과 유사한가?

가. if 문

나. case 문

다. loop 문

라. for loop문

8
LAB

구조적표현 (component)1

8-1 실습목적

1. Component문

8-2 사용 장비 및 소모품

Vivado가 설치되어 있는 컴퓨터

8-3 실습

AND(논리곱) : $Z = X \cdot Y$

논리곱 연산은 AND 연산이라고도 하며 두 입력 X, Y에 대하여 출력 Z는 AND게이트의 진리표와 같다.

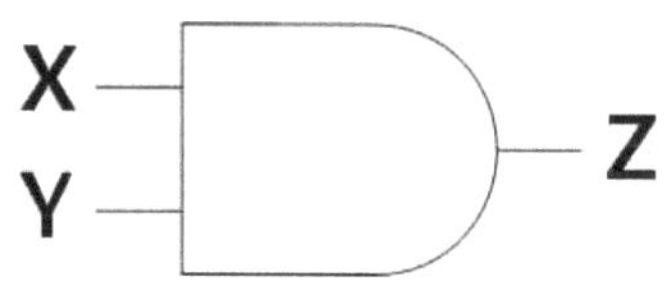

AND 게이트

AND 게이트의 진리표

입력		출력
X	Y	Z
0	0	0
0	1	0
1	0	0
1	1	1

미리 설계되고 검증 된 "component and2"를 사용하여 코드를 재사용하고 계층적인 방법으로 설계하고자 한다. 아래 그림과 같이 2개의 입력(X,Y)을 가지고 1개의 출력(Z)을 가지는 And 게이트회로인 "Component and2"를 이용하여 “And System”을 설계한다.

component를 사용하기 위해서는 선언을 하여야 한다. architecture와 begin 사이에 “component and2"를 선언한다. architecture문의 begin과 end사이에 “component and2"를 port map()을 이용하여 사례화한다. component의 port signal과 실제 signal을 연결시키는 과정을 component instantiation이라고 한다.

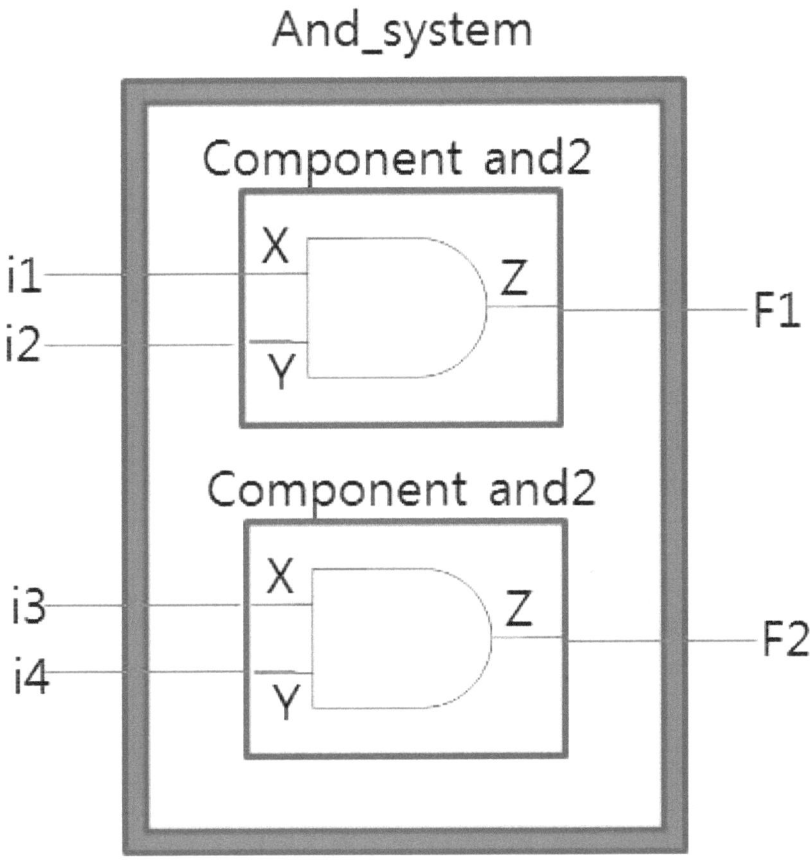
And_system
Component and2
X
Y
Z
Component and2
X
Y
Z
i1
i2
i3
i4
F1
F2

소스파일은 다음과 같다.

```
library IEEE;
use IEEE.STD_LOGIC_1164.ALL;

entity andsystem is
    Port ( i1 : in STD_LOGIC;
           i2 : in STD_LOGIC;
           i3 : in STD_LOGIC;
           i4 : in STD_LOGIC;
           f1 : out STD_LOGIC;
           f2 : out STD_LOGIC);
end andsystem;

architecture Behavioral of andsystem is
        component and2
                port( x, y : in std_logic;
                      z : out std_logic);
        end component;

begin
        u1 : and2 port map(i1,i2,f1); --position association
        u2 : and2 port map(x=>i3, y=>i4, z=>f2); -- named association

end Behavioral;
```

component "and2.vhd"

```
library IEEE;
use IEEE.STD_LOGIC_1164.ALL;

entity and2 is
    Port ( x : in STD_LOGIC;
           y : in STD_LOGIC;
           z : out STD_LOGIC);
end and2;

architecture Behavioral of and2 is

begin
 z <= x and y;

end Behavioral;
```

test bench 파일은 다음과 같다.

```
library IEEE;
use IEEE.Std_logic_1164.all;
use IEEE.Numeric_Std.all;
entity andsystem_tb is
end;
architecture bench of andsystem_tb is
  component andsystem
      Port ( i1 : in STD_LOGIC;
             i2 : in STD_LOGIC;
             i3 : in STD_LOGIC;
             i4 : in STD_LOGIC;
             f1 : out STD_LOGIC;
             f2 : out STD_LOGIC);
  end component;
  signal i1: STD_LOGIC;
  signal i2: STD_LOGIC;
  signal i3: STD_LOGIC;
  signal i4: STD_LOGIC;
  signal f1: STD_LOGIC;
  signal f2: STD_LOGIC;
begin
  uut: andsystem port map ( i1 => i1,
                            i2 => i2,
                            i3 => i3,
                            i4 => i4,
                            f1 => f1,
                            f2 => f2 );
```

```
stimulus: process
  begin

     wait for 50 ns;
    I1 <= '0';
    I2 <= '0';
    I3 <= '0';
    i4 <= '0';
     wait for 50 ns;
    I1 <= '0';
    I2 <= '0';
    I3 <= '0';
    i4 <= '1';
     wait for 50 ns;
    I1 <= '0';
    I2 <= '0';
    I3 <= '1';
    i4 <= '0';
     wait for 50 ns;
    I1 <= '0';
    I2 <= '0';
    I3 <= '1';
    i4 <= '1';
     wait for 50 ns;
    I1 <= '0';
    I2 <= '1';
    I3 <= '0';
    i4 <= '0';
     wait for 50 ns;
    I1 <= '0';
    I2 <= '1';
    I3 <= '0';
    i4 <= '1';

     wait for 50 ns;
    I1 <= '1';
    I2 <= '1';
    I3 <= '1';
    i4 <= '1';

    -- 중간생략

      wait;

  end process;

end;
```

시뮬레이션 결과는 다음과 같다.

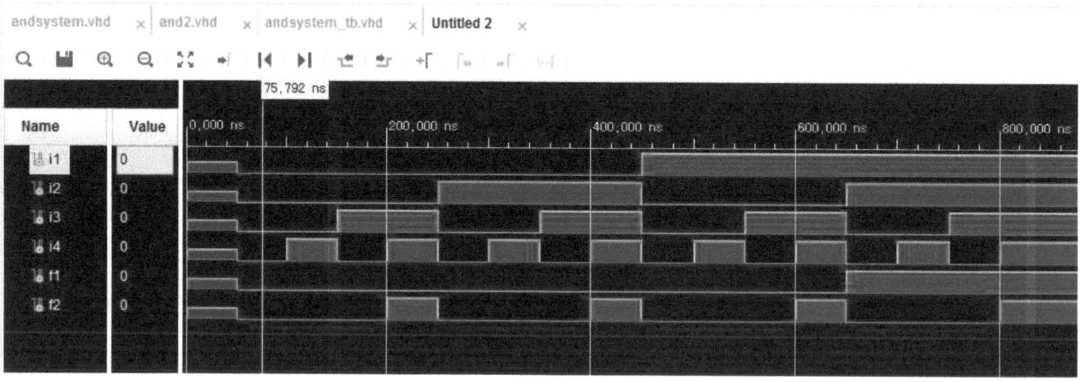

VHDL을 이용한 하드웨어 모델링 기법은 동작적 모델링, 자료흐름적 모델링, 구조적 모델링 기법이 있으며 이 기법들을 혼용하여 설계하는 혼합적 모델링 기법이 있다.

반가산기 설계를 예를 들어 설명한다.

1. 자료흐름적 모델링

자료흐름적 모델링은 신호 및 제어의 흐름을 기반으로 하드웨어를 기술하는 기법이다. 주로 부울대수, 함수, 연산자 등을 사용하여 입력부터 출력까지의 경로표현을 주로 한다.

```
library IEEE;
use IEEE.STD_LOGIC_1164.ALL;

entity halfadder is
          Port (  x, y : in std_logic;
                  sum, carry : out std_logic );
end halfadder;

architecture Behavioral of halfadder is

begin
         sum <= x xor y;
         carry <= x and y;

end Behavioral;
```

2. 동작적 모델링

동작적 모델링 기법은 가장 추상적이고 인간에 가까운 표현으로 시스템 내부구조를 모르는 설계자라도 동작하고자 하는 기능 또는 수학적, 논리적 알고리듬을 사용하여 하드웨어를 설계하는 기법이다. 진리표를 사용하여 입출력들 표현함으로써 원하는 결과를 얻을 수 도 있다.

```
library IEEE;
use IEEE.STD_LOGIC_1164.ALL;

entity FA is
          Port ( x,y : in std_logic;
                 sum, carry : out std_logic );
end FA;

architecture Behavioral of FA is
        signal sel : std_logic_vector(1 downto 0);
begin
        sel <= x&y;
        process(sel)
        begin
            case sel is
                when "00" =>
                    carry <= '0';
                    sum <= '0';
               when "01" =>
                    carry <= '0';
                    sum <= '1';
               when "10" =>
                    carry <= '0';
                    sum <= '1';
               when "11" =>
                    carry <= '1';
                    sum <= '0';
               when others => null;
           end case;
       end process;
end Behavioral;
```

3. 구조적 모델링

구조적 모델링은 동작적 모델링이나 자료흐름적 모델링보다 하드웨어에 가장 가까운 표현 기법으로 브레드보드에 TTL 소자를 꼽고 선들을 연결하여 시스템을 만드는 것처럼 이미 설계된 component들을 사용하며 이들을 서로 연결하여 시스템을 설계하는 방식이다. 즉 component를 선언하고 component를 사례화(instantiation)시키면 된다.

소스파일은 다음과 같다.

```
library IEEE;
use IEEE.STD_LOGIC_1164.ALL;
entity ha3 is
    Port ( x : in STD_LOGIC;
           y : in STD_LOGIC;
           sum : out STD_LOGIC;
           carry : out STD_LOGIC);
end ha3;

architecture Behavioral of ha3 is
        component xor2
                port( a,b : in std_logic;
                      c : out std_logic);
        end component;

        component and2
                port( a,b : in std_logic;
                      c : out std_logic);
        end component;
begin
        u1 : xor2 port map(x,y,sum);
        u2 : and2 port map(a=>x, b=>y, c=>carry);
end Behavioral;
```

component xor2

```
library IEEE;
use IEEE.STD_LOGIC_1164.ALL;



entity xor2 is
                        port( a,b : in std_logic;
                            c : out std_logic);
end xor2;

architecture Behavioral of xor2 is

begin

c <= a xor b;

end Behavioral;
```

component and2

```
library IEEE;
use IEEE.STD_LOGIC_1164.ALL;


entity and2 is
                    port( a,b : in std_logic;
                         c : out std_logic);
end and2;

architecture Behavioral of and2 is

begin
 c <= a and b;

end Behavioral;
```

test bench 파일은 다음과 같다.

```
stimulus: process
 begin

  wait for 50ns;
  x <= '0';
  y <= '0';

  wait for 50ns;
  x <= '0';
  y <= '1';

   wait for 50ns;
  x <= '1';
  y <= '0';

   wait for 50ns;
  x <= '1';
  y <= '1';

   wait;
 end process;
```

시뮬레이션 결과는 다음과 같다.

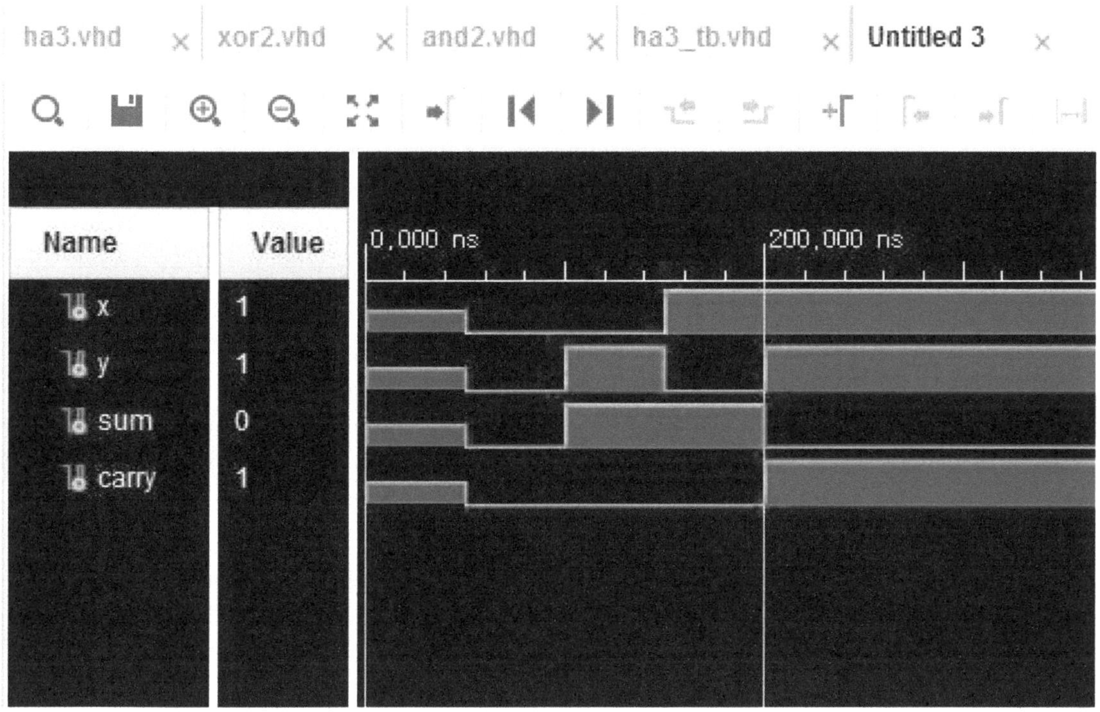

component instantiation은 회로 부품들을 상호 연결하는데 사용되는 concurrent 문장이다. VHDL설계에서 component instantiation으로 표현된 것을 구조적 표현이라 한다. 구조적 표현은 component들이 상호 어떻게 연결되어 있는지를 기술함으로 인해 그 동작을 정의한다.

instantiation문장은 3가지 부분으로 구성된다.

1. Label
2. Component Type
3. Port Map

반가산기 component를 이용한 전가산기 설계

전 가산기(FA : Full Adder)는 두 입력과 하위비트 자리올림 값에 대해 덧셈을 수행한다.

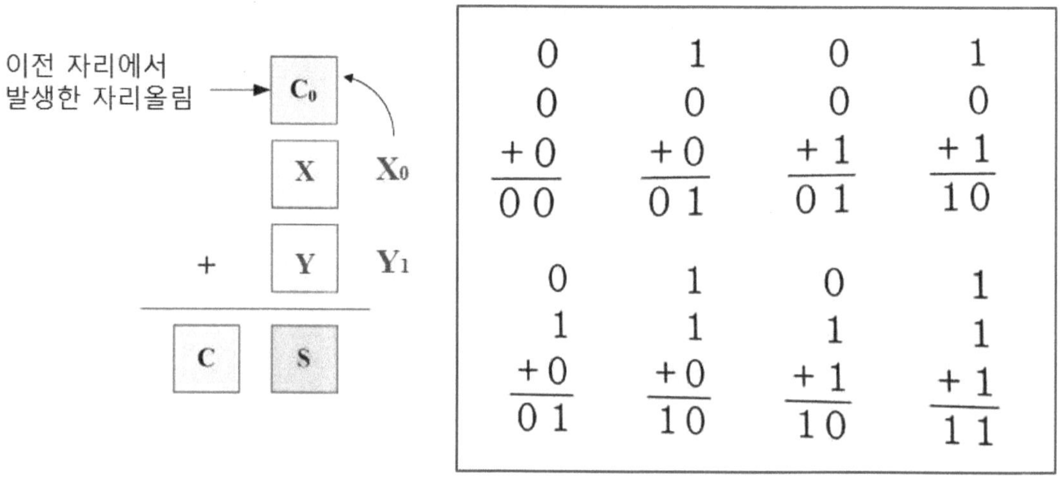

진리표 및 논리식

입력			출력	
X	Y	C_0	C	S
0	0	0	0	0
0	0	1	0	1
0	1	0	0	1
0	1	1	1	0
1	0	0	0	1
1	0	1	1	0
1	1	0	1	0
1	1	1	1	1

$$
\begin{aligned}
S &= X'Y'C_o + X'YC_o' + XY'C_o' + XYC_o \\
&= X'(Y'C_o + YC_o') + X(Y'C_o' + YC_o). \\
&= X'(Y \oplus C_o) + X(Y \oplus C_o)' \\
&= X \oplus (Y \oplus C_o) \\
&= X \oplus Y \oplus C_o
\end{aligned}
$$

$$
\begin{aligned}
C &= X'YC_o + XY'C_o + XYC_o' + XYC_o \\
&= C_o(X'Y + XY') + XY('C_o' + C_o) \\
&= C_o\,(X \oplus Y) + XY
\end{aligned}
$$

논리회로는 다음과 같다.

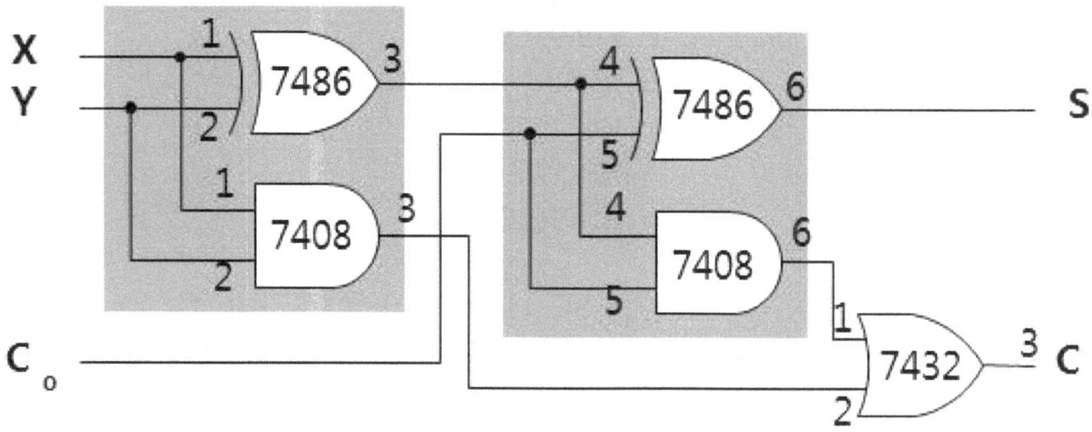

X
Y
7486
7408
7486
7408
7432
S
C

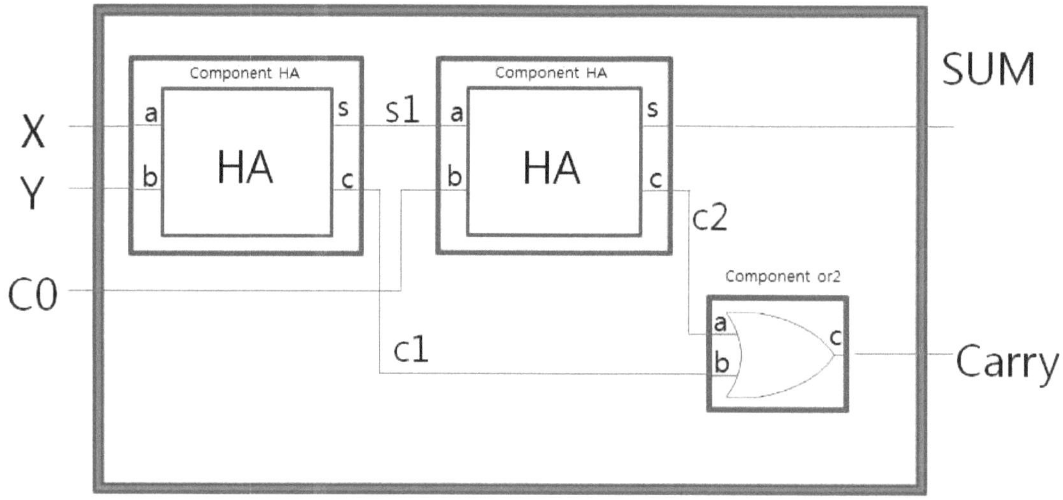

Component HA
HA
Component HA
HA
s1
c1
c2
Component or2
X
Y
C0
SUM
Carry

FA 소스파일은 다음과 같다.

```
library IEEE;
use IEEE.STD_LOGIC_1164.ALL;
entity fa3 is
    Port ( x : in STD_LOGIC;
           y : in STD_LOGIC;
           c0 : in STD_LOGIC;
           sum : out STD_LOGIC;
           carry : out STD_LOGIC);
end fa3;
architecture Behavioral of fa3 is
            component ha
                  port( a : in std_logic;
                        b : in std_logic;
                        s : out std_logic;
                        c : out std_logic );
            end component;

            component or2
                  port ( a : in std_logic;
                         b : in std_logic;
                         c : out std_logic);
            end component;
 signal s1, c1, c2 : std_logic;
begin
u1 : ha port map(a=>x, b=>y, s=>s1, c=>c1);
u2 : ha port map(a=>s1, b=>c0, s=>sum, c=>c2);
u3 : or2 port map(a=>c2, b=>c1, c=>carry);
end Behavioral;
```

Half adder component "ha.vhd"

```
library IEEE;
use IEEE.STD_LOGIC_1164.ALL;



entity ha is
                    port( a : in std_logic;
                          b : in std_logic;
                          s : out std_logic;
                          c : out std_logic );
end ha;

architecture Behavioral of ha is

begin
    s <= a xor b;
    c <= a and b;

end Behavioral;
```

or2 component

```
library IEEE;
use IEEE.STD_LOGIC_1164.ALL;



entity or2 is
                port ( a : in std_logic;
                       b : in std_logic;
                       c : out std_logic);
end or2;

architecture Behavioral of or2 is

begin
c <= a or b;

end Behavioral;
```

test bench 파일은 다음과 같다.

```
stimulus: process
 begin

     wait for 30ns;
        x <= '0';
        y <= '0';
        c0 <= '0';
         wait for 30ns;
        x <= '0';
        y <= '0';
        c0 <= '1';
        wait for 30ns;
        x <= '0';
        y <= '1';
        c0 <= '0';
         wait for 30ns;
        x <= '0';
        y <= '1';
        c0 <= '1';
         wait for 30ns;
        x <= '1';
        y <= '0';
        c0 <= '0';
        wait for 30ns;
        x <= '1';
        y <= '0';
        c0 <= '1';
        wait for 30ns;
        x <= '1';
        y <= '1';
        c0 <= '0';
        wait for 30ns;
        x <= '1';
        y <= '1';
        c0 <= '1';

   wait;
 end process;
```

시뮬레이션 결과는 다음과 같다.

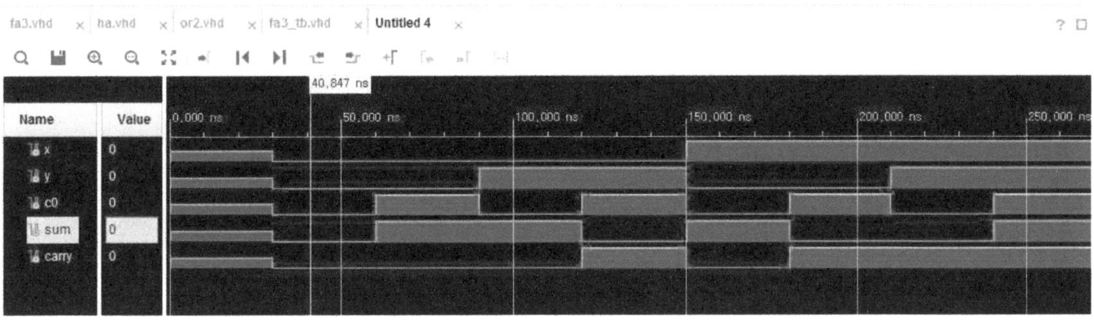

8-4 과제

1. 서술형문제

1-1. 구조적 모델링 기법으로 반가산기를 설계하라. 소스코드와 시뮬레이션 결과를 보이고 설명하라.

1-2. 구조적 모델링 기법으로 전가산기를 설계하라. 소스코드와 시뮬레이션 결과를 보이고 설명하라.

2. 단답형문제

component를 사용하기 위해서는 선언을 하여야 한다. ________ 와 ____________ 사이에 사용할 “component"를 선언한다.

3. 선다형문제

3-1. 어느 위치에 port map()을 이용하여 사례화 하는가?

가. architecture문의 begin과 end사이

나. architecture문의 architecture와 begin사이

다. case문의 begin과 end사이

라. process문의 begin과 end사이

3-2. component instantiation문장에 포함되지 않는 것은?

가. Label

나. Component Type

다. Port Map

라. signal

9 LAB 구조적표현 (component)2

9-1 실습목적

1. Component문
2. Generate문
3. Generic문

9-2 사용 장비 및 소모품

Vivado가 설치되어 있는 컴퓨터

9-3 실습

1. 다음 회로를 구조적 기법으로 설계하여 보자

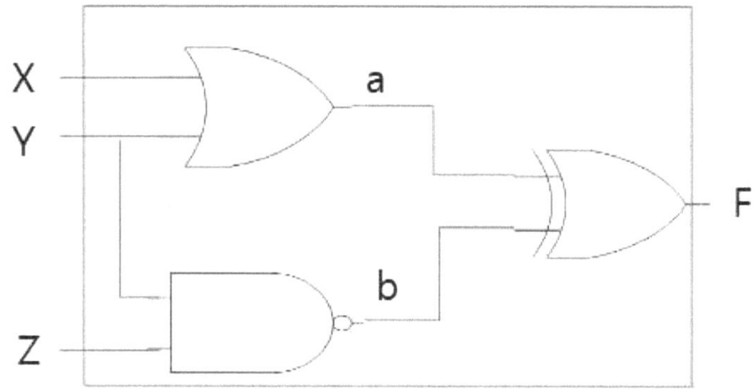

소스파일은 다음과 같다.

```
library IEEE;
use IEEE.STD_LOGIC_1164.ALL;

entity sample5 is
    Port ( x : in STD_LOGIC;
           y : in STD_LOGIC;
           z : in STD_LOGIC;
           f : out STD_LOGIC);
end sample5;

architecture Behavioral of sample5 is
        component or2
                    port( a,b:in std_logic;
                          c : out std_logic);
        end component;
        component nand2
                    port(a,b : in std_logic;
                          c: out std_logic);
        end component;
        component xor2
                     port(a,b : in std_logic;
                          c: out std_logic);
        end component;
        signal a,b : std_logic;
begin
u1: or2 port map( x,y,a);
u2: nand2 port map(y,z,b);
u3: xor2 port map(a,b,f);

end Behavioral;
```

component or2

```
library IEEE;
use IEEE.STD_LOGIC_1164.ALL;

entity or2 is
                port( a,b:in std_logic;
                      c : out std_logic);
end or2;

architecture Behavioral of or2 is

begin
c <= a or b;

end Behavioral;
```

component nand2

```
library IEEE;
use IEEE.STD_LOGIC_1164.ALL;

entity nand2 is
                port( a,b:in std_logic;
                      c : out std_logic);
end nand2;

architecture Behavioral of nand2 is

begin

c <= a nand b;
end Behavioral;
```

component xor2

```
library IEEE;
use IEEE.STD_LOGIC_1164.ALL;

entity xor2 is
                        port(a,b : in std_logic;
                             c: out std_logic);
end xor2;

architecture Behavioral of xor2 is

begin
c <= a xor b;

end Behavioral;
```

test bench 파일은 다음과 같다.

```
Wait for 100ns;
X <= '0';
Y <= '0';
Z <= '0';
 wait for 100ns;
X <= '0';
Y <= '0';
Z <= '1';
 wait for 100ns;
X <= '0';
Y <= '1';
Z <= '0';
 wait for 100ns;
X <= '0';
Y <= '1';
Z <= '1';
 wait for 100ns;
X <= '1';
Y <= '0';
Z <= '0';
 wait for 100ns;
X <= '1';
Y <= '0';
Z <= '1';
 wait for 100ns;
X <= '1';
Y <= '1';
Z <= '0';
 wait for 100ns;
X <= '1';
Y <= '1';
Z <= '1';
```

시뮬레이션 결과는 다음과 같다.

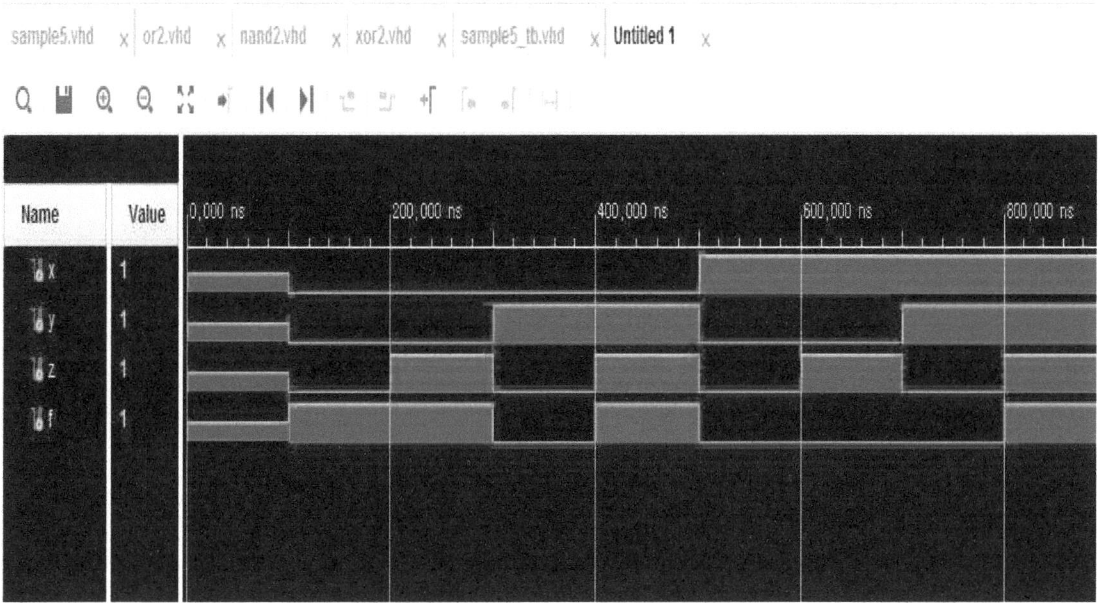

2. Generate 문

병행처리문에서는 컴포넌트를 반복적으로 사용하기 위해 generate문을 사용한다. generate문은 동일한 문장을 복제해서 사용하기에 유용하여 카운터, 레지스터 등 규칙적인 구조를 가지는 설계를 할 때 편리한 문장이다. generate 문에는 두 가지 형태가 사용되는데 For - generate문과 IF - generate문이 사용된다. For - generate문은 단순 반복생성을 할 때 사용되며 IF - generate문은 주어진 조건에 따라 여러 번 반복생성을 하고자 할 때 사용된다.

```
Label : for (변수이름) in (변수범위) generate
  concurrent statements;
end generate Label;
```

generate문을 사용하여 4개의 2입력 AND 게이트 VHDL 설계

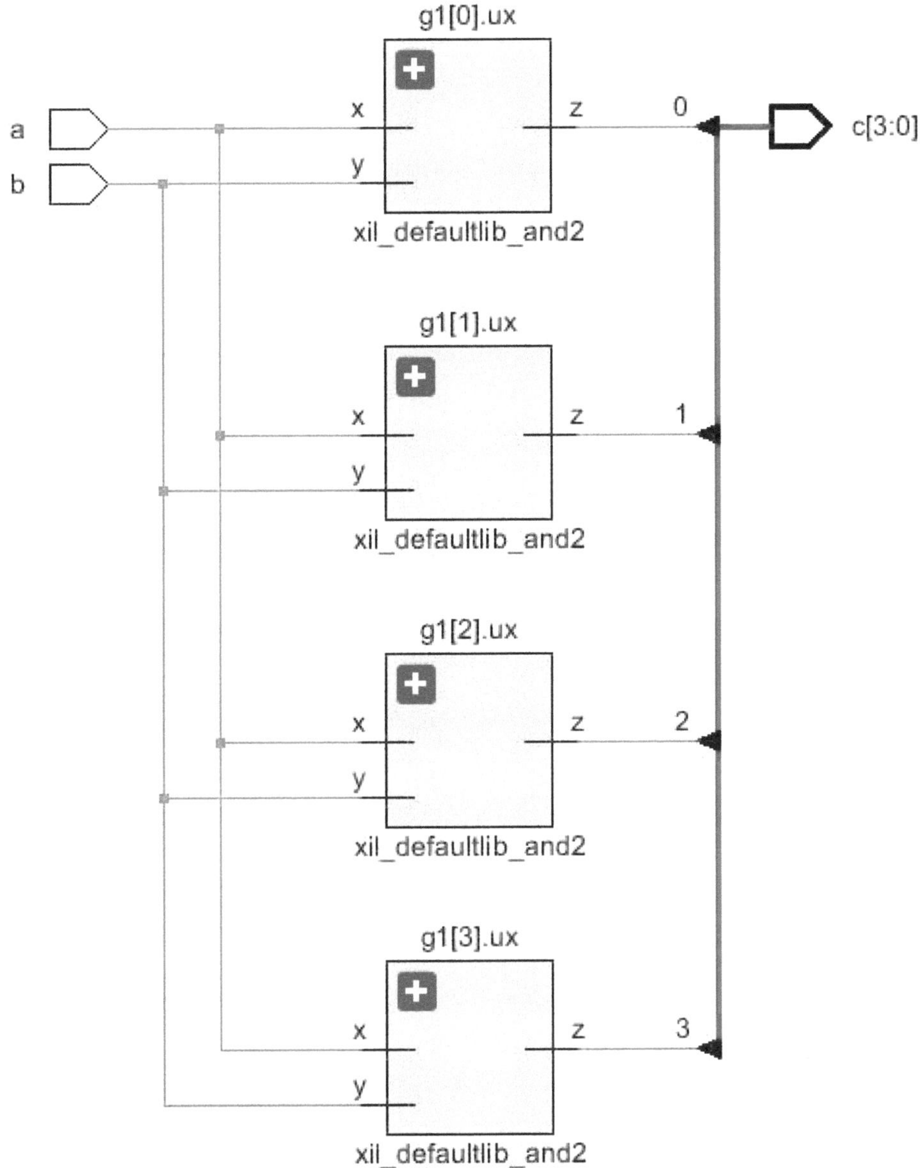

소스파일은 다음과 같다.

```
library IEEE;
use IEEE.STD_LOGIC_1164.ALL;

entity and4gen is
    Port ( a : in STD_LOGIC;
           b : in STD_LOGIC;
           c : out STD_LOGIC_vector(3 downto 0));
end and4gen;

architecture Behavioral of and4gen is
        component and2
          port (x,y : in std_logic;
                z : out std_logic);
         end component;
begin

g1: for n in 3 downto 0 generate
 ux : and2 port map(a, b, c(n));
end generate g1;

end Behavioral;
```

and2 component

```
library IEEE;
use IEEE.STD_LOGIC_1164.ALL;
entity and2 is
               port (x,y : in std_logic;
                z : out std_logic);
end and2;

architecture Behavioral of and2 is

begin

 z <= x and y;
end Behavioral;
```

test bench 파일은 다음과 같다.

```
 wait for 100ns;
  a <='0';
  b <= '0';
  wait for 100ns;
  a <='0';
  b <= '1';
   wait for 100ns;
  a <='1';
  b <= '0';
   wait for 100ns;
  a <='1';
  b <= '1';
```

시뮬레이션 결과는 다음과 같다.

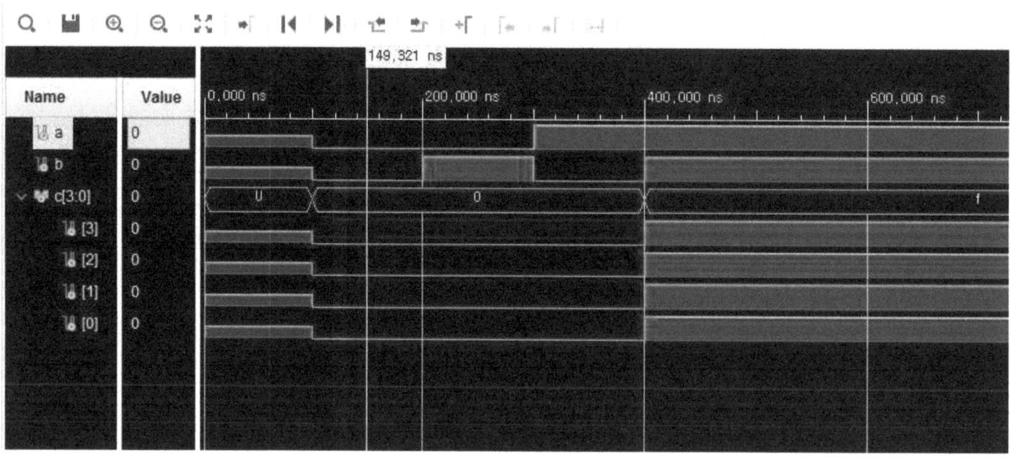

3. generic문

generic 문은 유연한(flexible) component들을 만들기 위한 것이다. 매개상수를 사용하여 반복 생성되는 개수를 지정하거나 입출력의 크기를 지정하기 위함이다. 이는 설계를 일반화할 수 있고 개발과 디버그 시간을 줄여주는 장점이 있다.

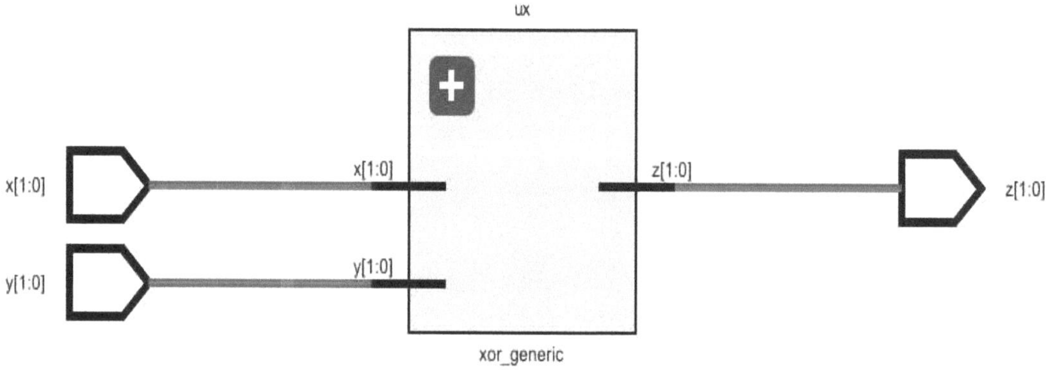

소스파일은 다음과 같다.

```
library IEEE;
use IEEE.STD_LOGIC_1164.ALL;

entity xorsys is
            port(x,y : in std_logic_vector(1 downto 0);
                 z : out std_logic_vector(1 downto 0) );
end xorsys;

architecture Behavioral of xorsys is
           component xor_generic
               generic(size : integer );
               port( x,y : in std_logic_vector(size-1 downto 0);
                     z : out std_logic_vector(size-1 downto 0) );

           end component;
begin

ux : xor_generic generic map(2) port map(x,y,z);
end Behavioral;
```

generic component 소스코드는 다음과 같다.

```
library IEEE;
use IEEE.STD_LOGIC_1164.ALL;

entity xor_generic is
                generic(size : integer :=8 );
                port( x,y : in std_logic_vector(size-1 downto 0);
                      z : out std_logic_vector(size-1 downto 0) );
end xor_generic;

architecture Behavioral of xor_generic is

begin
z <= x xor y;
end Behavioral;
```

test bench 파일은 다음과 같다.

```
wait for 10ns;
    x <= "00";
    y <= "00";
     wait for 10ns;
    x <= "00";
    y <= "01";
     wait for 10ns;
    x <= "00";
    y <= "10";
     wait for 10ns;
    x <= "00";
    y <= "11";
```

시뮬레이션 결과는 다음과 같다.

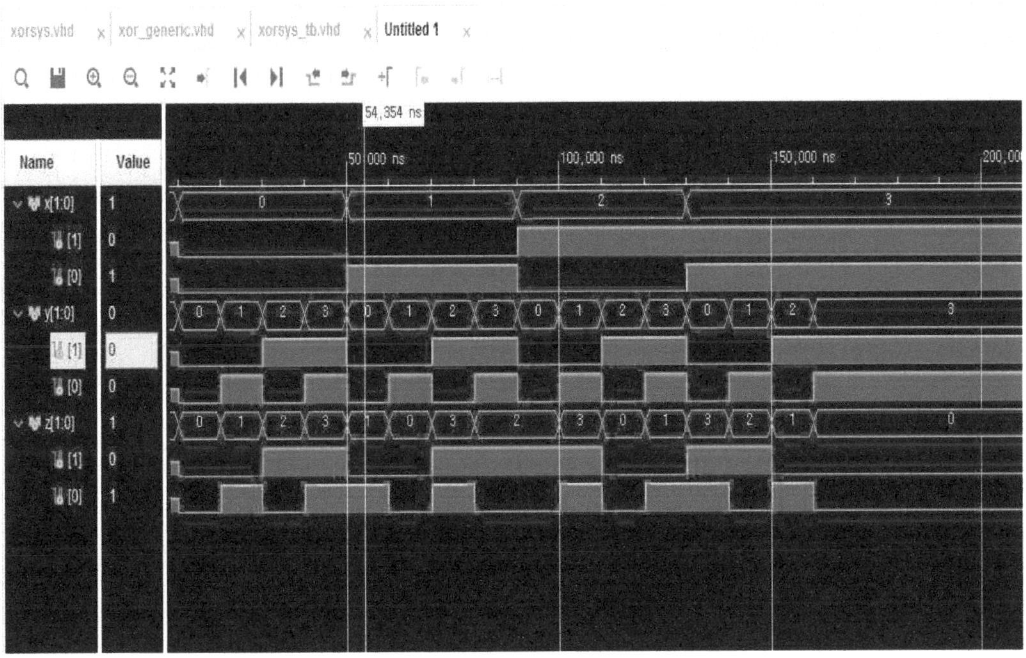

9-4 과제

1. 서술형문제

1-1. component문을 사용하여 다음의 회로를 VHDL로 설계하라. 소스코드와 시뮬레이션 결과를 보이고 설명하라.

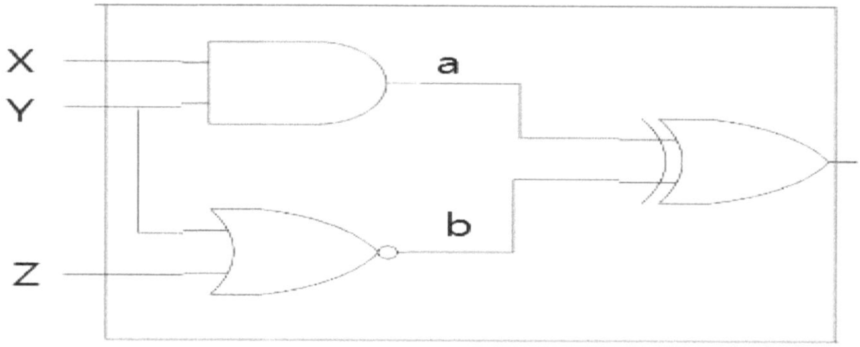

x	y	z	a	b	f
0	0	0			
0	0	1			
0	1	0			
0	1	1			
1	0	0			
1	0	1			
1	1	0			
1	1	1			

1-2. generate문을 사용하여 5개의 2입력 AND 게이트 VHDL 설계하라.

2. 단답형문제

____________________ 은 동일한 문장을 복제해서 사용하기에 유용하여 카운터 등 규칙적인 구조를 가지는 설계를 할 때 편리한 문장이다.

3. 선다형문제

3-1. generate문의 사용형태 두 가지 어느 것인가?

가. For - generate문

나. IF - generate문

다. case - generate문

라. concurrent - generate문

3-2. generic 문은 유연한(flexible) component들을 만들기 위한 것이다. 무엇을 사용하여 반복 생성되는 개수를 지정하거나 입출력의 크기를 지정하는가?

가. Label

나. Component Type

다. Port Map

라. 매개상수

10 LAB 멀티플렉서

10-1 실습목적

1. 2*1 멀티플렉서 설계
2. N Line 2*1 멀티플렉서 설계

10-2 사용 장비 및 소모품

Vivado가 설치되어 있는 컴퓨터

10-3 실습개념

1. 멀티플렉서(MUX : Multiplexer)

여러 개의 데이터 입력 중에서 선택선 상태에 따라 하나를 선택해서 출력선으로 연결하는 조합 논리 회로이며 컴퓨터에서 데이터 통신에 사용된다.

2×1 멀티플렉서

2개의 입력중의 하나를 선택선 S에 입력된 값에 따라서 출력으로 보내주는 조합회로이며 진리표는 다음과 같다.

선택선	출력
S	F
0	D_0
1	D_1

회로도는 다음과 같다.

S

D_0

F

D_1

4×1 멀티플렉서

4개의 입력중의 하나를 선택선 S1과 S0에 입력된 값에 따라서 출력으로 보내주는 조합회로이며 진리표는 다음과 같다.

선택선		출력
S_1	S_0	F
0	0	D_0
0	1	D_1
1	0	D_2
1	1	D_3

회로도는 다음과 같다.

S_1 S_0

D_0

D_1

D_2 F

D_3

8×1 멀티플렉서

8개의 입력 중의 하나를 선택선 S2와 S1 그리고 S0에 입력된 값에 따라서 출력으로 보내주는 조합회로이며 진리표는 다음과 같다.

선택선			출력
S_2	S_1	S_0	F
0	0	0	D_0
0	0	1	D_1
0	1	0	D_2
0	1	1	D_3
1	0	0	D_4
1	0	1	D_5
1	1	0	D_6
1	1	1	D_7

회로도는 다음과 같다.

S_2 S_1 S_0

D_0

D_1

D_2

D_3

D_4 F

D_5

D_6

D_7

10-4 실습

1. 2*1 멀티플렉서를 설계하기.

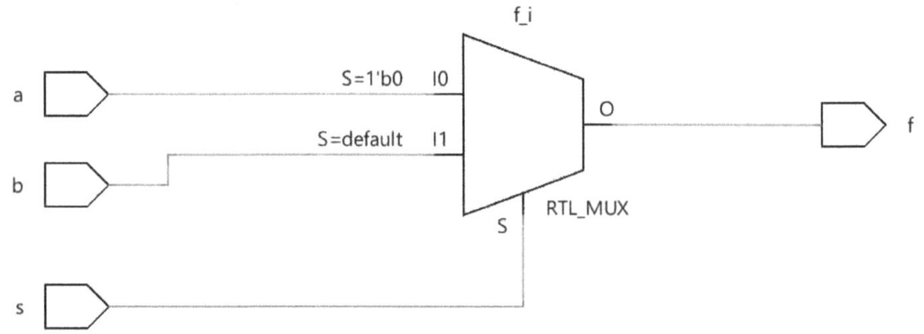

소스파일은 다음과 같다.

```
library IEEE;
use IEEE.STD_LOGIC_1164.ALL;

entity mux21 is
                  Port ( s : in std_logic;
                         a : in std_logic;
                         b : in std_logic;
                         f : out std_logic );
end mux21;

architecture Behavioral of mux21 is

begin
          process(s, a, b, c, d)
          begin
                  if s = '0' then
                      f <= a;
                   else
                      f <= b;

                   end if;
          end process;

end Behavioral;
```

test bench 파일은 다음과 같다.

```
library ieee;
use ieee.std_logic_1164.all;

entity tb_mux21 is
end tb_mux21;

architecture tb of tb_mux21 is

    component mux21
        port (s : in std_logic;
              a : in std_logic;
              b : in std_logic;
              f : out std_logic);
    end component;

    signal s : std_logic;
    signal a : std_logic;
    signal b : std_logic;
    signal f : std_logic;

begin

    dut : mux21
    port map (s => s,
              a => a,
              b => b,
              f => f);
    stimuli : process
    begin

        wait;
    end process;

end tb;
```

시뮬레이션 결과는 다음과 같다.

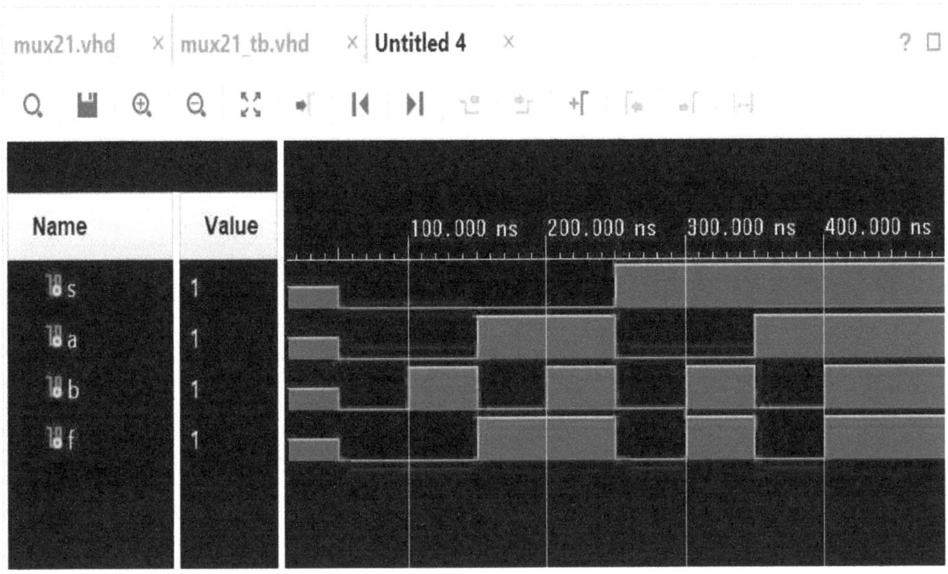

2. 4 Line 2*1 멀티플렉서 설계하기.

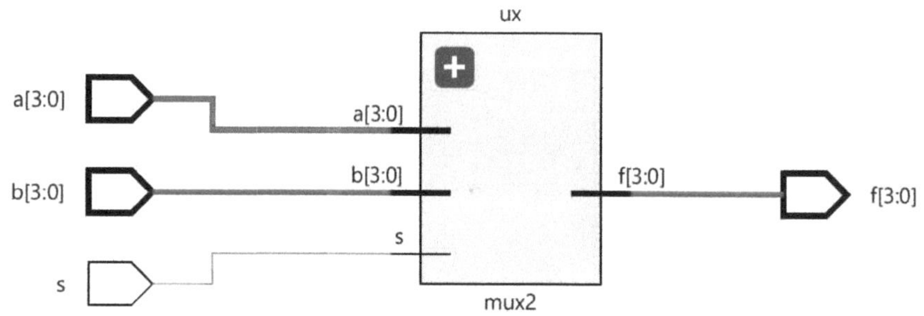

소스파일은 다음과 같다.

```
library IEEE;
use IEEE.STD_LOGIC_1164.ALL;

entity mux24 is
            Port ( s: in std_logic;
                   a : in std_logic_vector(3 downto 0);
                   b : in std_logic_vector(3 downto 0);
                   f : out std_logic_vector(3 downto 0) );
end mux24;

architecture Behavioral of mux24 is
            component mux2
                     generic( size : integer);
                     Port ( s: in std_logic;
                            a : in std_logic_vector(size-1 downto 0);
                            b : in std_logic_vector(size-1 downto 0);
                            f : out std_logic_vector(size-1 downto 0) );
            end component;
begin
            ux : mux2 generic map(4) port map(s,a,b,f);

end Behavioral;
```

generic component mux2

```
library IEEE;
use IEEE.STD_LOGIC_1164.ALL;

entity mux2 is
                    generic( size : integer );
                      Port ( s: in std_logic;
                             a : in std_logic_vector(size-1 downto 0);
                             b : in std_logic_vector(size-1 downto 0);
                             f : out std_logic_vector(size-1 downto 0) );
end mux2;

architecture Behavioral of mux2 is

begin
      process(a, b, s)
         begin
              if s = '0' then
                 f <= a;
              else
                 f <= b;
              end if;
      end process;

end Behavioral;
```

test bench 파일은 다음과 같다.

```
wait for 100ns;
        s <= '0';
        a <= "0111";
        b <= "1010";

        wait for 100ns;
        s <= '1';
        a <= "0111";
        b <= "1010";

        wait for 100ns;
        s <= '0';
        a <= "0111";
        b <= "1010";

        wait for 100ns;
        s <= '1';
        a <= "0111";
        b <= "1010";
```

시뮬레이션 결과는 다음과 같다.

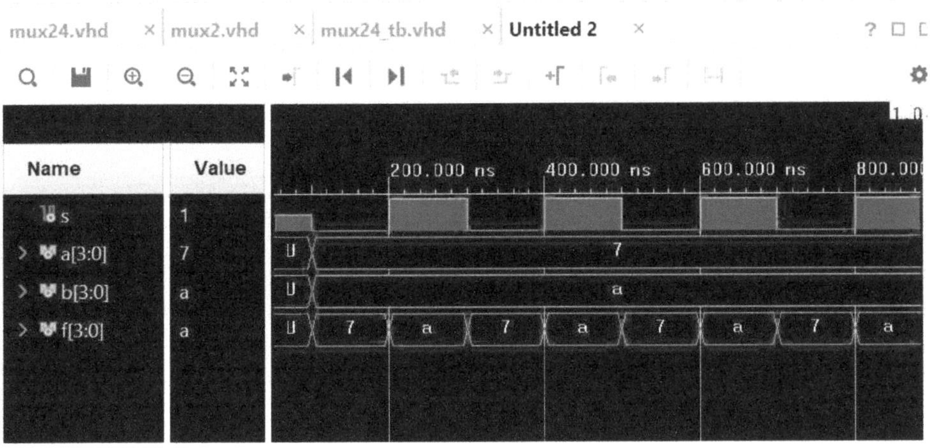

10- 5과제

1. 서술형

1-1. 4*1 멀티플렉서를 설계하고 캡처하여 설명하라.

s1	s0	f
0	0	a
0	1	b
1	0	c
1	1	d

1-2. 8 Line 2*1 멀티플렉서 설계하라.

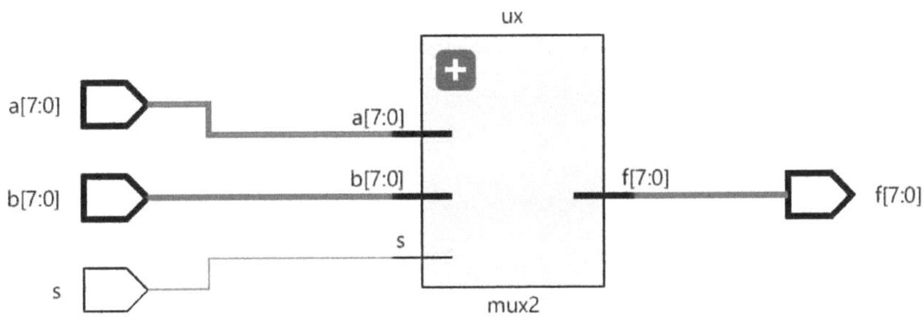

2. 단답형

멀티플렉서는 여러 개의 데이터 입력 중에서 __________에 따라 하나를 선택해서 출력선으로 연결하는 조합 논리 회로이며 컴퓨터에서 데이터 통신 등에 사용한다.

3. 선다형

3-1. 멀티플렉서 를 구성하는 게이트의 종류는 ?

가. NOT 게이트, OR 게이트, AND 게이트

나. AND 게이트, NOT 게이트, XOR 게이트

다. OR 게이트, XOR 게이트, NOT 게이트

라. SUM 게이트, OR 게이트, NOT 게이트

3-2. 여러 개의 입력선중에서 하나의 신호만 출력선으로 나가도록 하는 조합논리회로는 ?

가. 멀티플렉서

나. 디코더

다. 인코더

라. 가산기

11
LAB

순서논리회로

(Sequential Logic circuit)

11-1 실습목적

1. D Flip Flop
2. JK Flip Flop

11-2 사용 장비 및 소모품

Vivado가 설치되어 있는 컴퓨터

11-3 실습

조합논리회로(Combinational Logic Circuit)는 지금까지 공부했었던 가산기, 멀티플렉서, 비교기 등 과 같이 회로의 입력에 의해 출력이 결정되는 것이다. 순서논리회로(Sequential Logic Circuit)는 내부에 기억소자를 포함하고 있어서 출력을 결정하는 요소가 현재의 입력과 과거의 입력 즉 현재 기억소자내의 저장 값에 의해 결정되는 것이다. 기억소자로 사용되는 D Flip Flop과 JK Flip Flop을 VHDL로 설계한다.

1. D Flip Flop

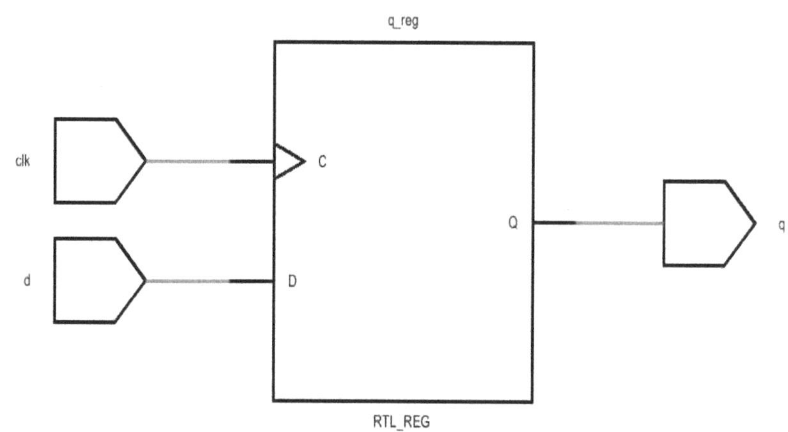

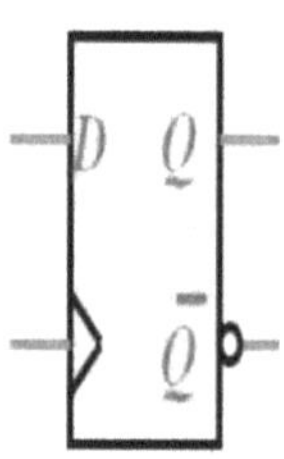

D	Q(t+1)	
0	0	Reset
1	1	Set

D flip flop 소스파일은 다음과 같다.

```
library IEEE;
use IEEE.STD_LOGIC_1164.ALL;

entity dff1 is
                Port ( clk : in std_logic;
                       d : in std_logic;
                       q : out std_logic);
end dff1;

architecture Behavioral of dff1 is

begin
      process(clk)
      begin
          if(rising_edge(clk)) then
                q <= d;
          end if;
      end process;
end Behavioral;
```

test bench 파일은 다음과 같다.

```
wait for 10ns;
        clk <= '0';
        d <= '0';

         wait for 10ns;
        clk <= '1';
        d <= '0';

          wait for 10ns;
        clk <= '0';
        d <= '1';

         wait for 10ns;
        clk <= '1';
        d <= '1';
```

시뮬레이션 결과는 다음과 같다.

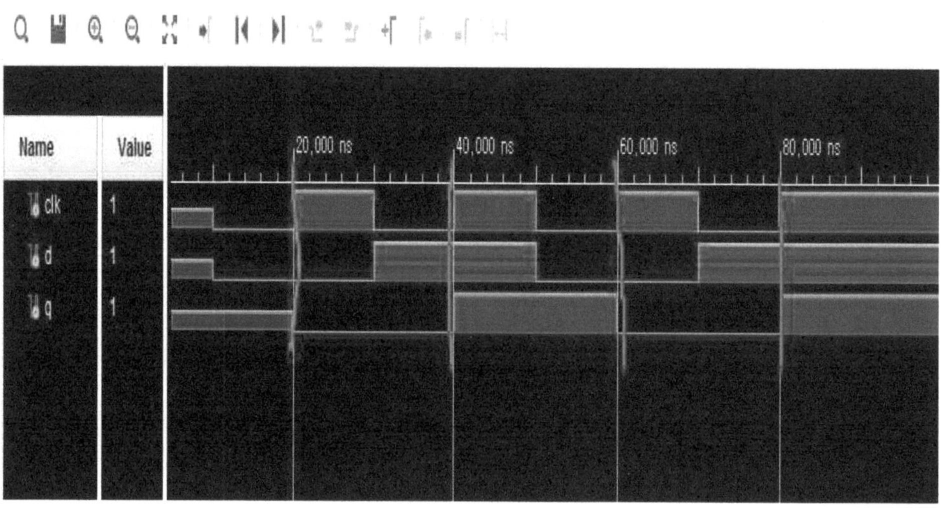

D Flip Flop with clr and set

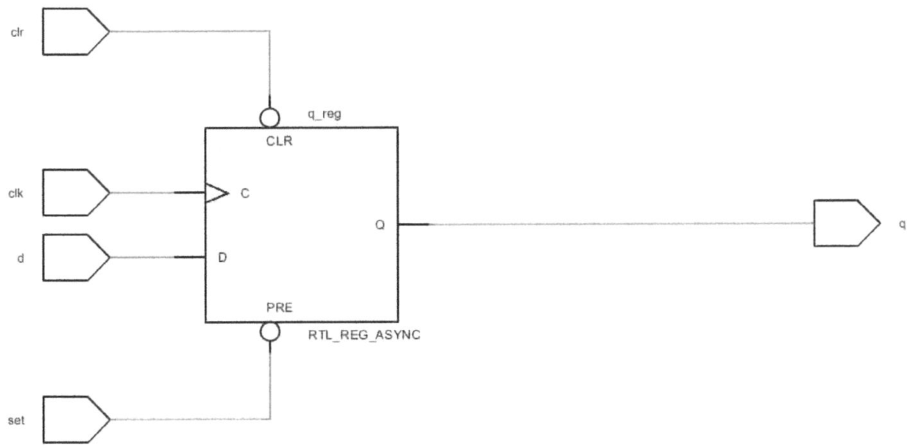

소스파일은 다음과 같다.

```
library IEEE;
use IEEE.STD_LOGIC_1164.ALL;

entity dff2 is
                Port ( clk : in std_logic;
                       clr : in std_logic;
                       set : in std_logic;
                       d : in std_logic;
                       q : out std_logic);
end dff2;

architecture Behavioral of dff2 is

begin
        process(clk, clr, set)
        begin
            if(clr = '0') then
                    q <= '0';
            elsif(set = '0') then
                    q <= '1';
            elsif(rising_edge(clk)) then
                    q <= d;
            end if;
        end process;
end Behavioral;
```

test bench 파일은 다음과 같다.

```
wait for 10ns;
        wait for 10ns;
        clk <= '0';
        clr <= '1';
        set <= '1';
        d <= '0';

         wait for 10ns;
        clk <= '1';
        clr <= '1';
        set <= '1';
        d <= '0';

         wait for 10ns;
        clk <= '0';
        clr <= '1';
        set <= '1';
        d <= '1';

         wait for 10ns;
        clk <= '1';
        clr <= '1';
        set <= '1';
        d <= '1';
```

시뮬레이션 결과는 다음과 같다.

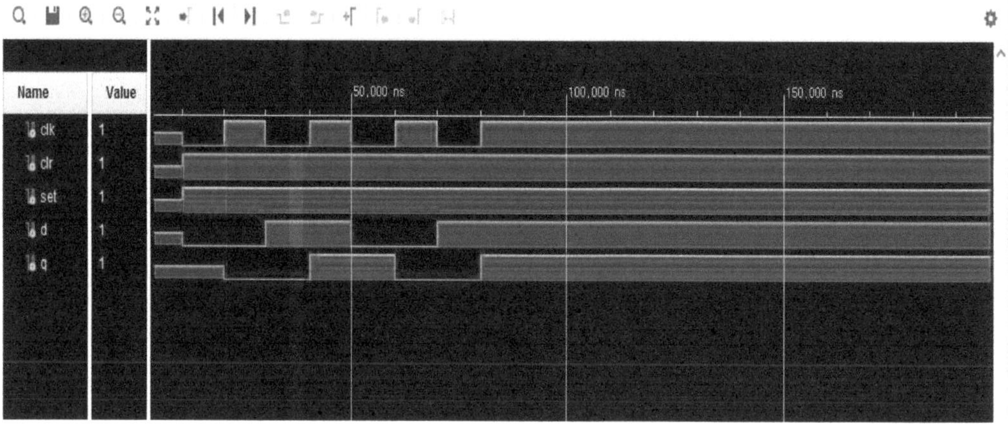

2. JK flip flop

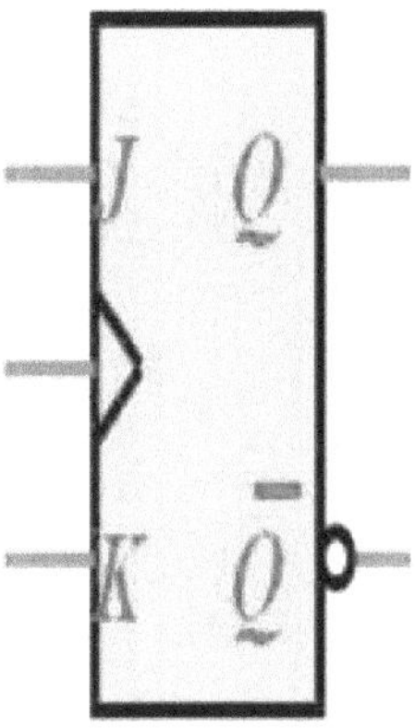

J	K	$Q(t+1)$	
0	0	$Q(t)$	No change
0	1	0	Reset
1	0	1	Set
1	1	$Q'(t)$	Toggle

소스파일은 다음과 같다.

```
library IEEE;
use IEEE.STD_LOGIC_1164.ALL;

entity jkff is
                Port (  clk : in std_logic;
                        j  : in std_logic;
                        k  : in std_logic;
                        q : out std_logic );
end jkff;

architecture Behavioral of jkff is
    signal qx : std_logic;
begin
            process(clk)
            begin
                if(rising_edge(clk)) then
                    if( j='0' and k = '0') then
                        qx <= qx;
                    elsif( j='0' and k = '1') then
                        qx <= '0';
                    elsif( j='1' and k = '0') then
                        qx <= '1';
                    elsif( j='1' and k = '1') then
                        qx <= not qx;
                    end if;
                end if;
            end process;
            q <=qx;
end Behavioral;
```

test bench 파일은 다음과 같다.

```
        wait for 10ns;
         clk <= '0';
         j <= '0';
         k <= '0';
         wait for 10ns;
          clk <= '1';
         j <= '0';
         k <= '0';

          wait for 10ns;
         clk <= '0';
         j <= '0';
         k <= '1';
         wait for 10ns;
          clk <= '1';
         j <= '0';
         k <= '1';

          wait for 10ns;
         clk <= '0';
         j <= '1';
         k <= '0';
         wait for 10ns;
          clk <= '1';
         j <= '1';
         k <= '0';

            wait for 10ns;
         clk <= '0';
         j <= '1';
         k <= '1';
         wait for 10ns;
          clk <= '1';
         j <= '1';
         k <= '1';
```

시뮬레이션 결과는 다음과 같다.

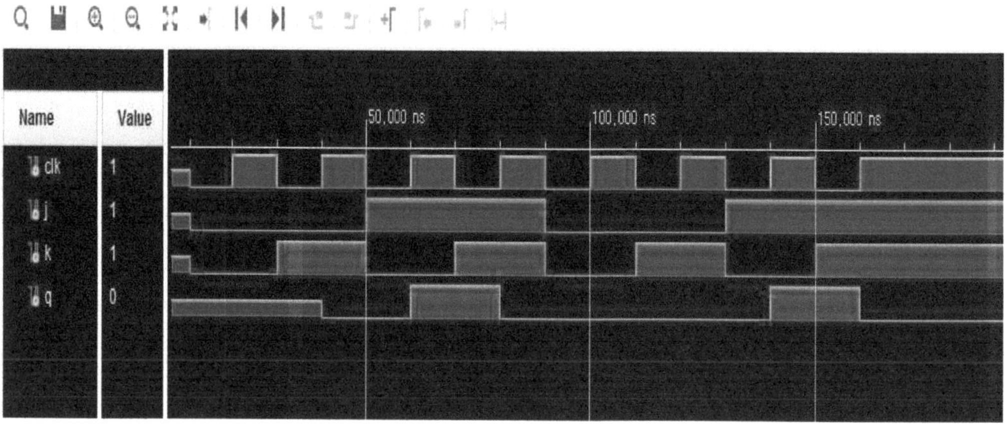

jk flip flop with preset and clear

소스파일은 다음과 같다.

```
library IEEE;
use IEEE.STD_LOGIC_1164.ALL;

entity jkff2 is
                Port (  clk : in std_logic;
                        j   : in std_logic;
                        k   : in std_logic;
                        pr  : in std_logic;
                        clr : in std_logic;
                        q : out std_logic );
end jkff2;

architecture Behavioral of jkff2 is
   signal qx : std_logic;
begin
              process(clk,pr,clr)
              begin
                   if(          ) then
                        qx <= '1';
                   elsif(          ) then
                        qx <= '0';
                   elsif(rising_edge(clk)) then
                        if(                      ) then
                              qx <= qx;
                        elsif(                      ) then
                              qx <= '0';
                        elsif(                      ) then
                              qx <= '1';
                        elsif(                      ) then
                              qx <= not qx;
                        end if;
                   end if;
              end process;
              q <=qx;
end Behavioral;
```

test bench 파일은 다음과 같다.

```
        wait for 10ns;
         clk <= '0';
         pr <= '1';
         clr <= '1';
         j <= '0';
         k <= '0';
         wait for 10ns;
          clk <= '1';
           pr <= '1';
         clr <= '1';
         j <= '0';
         k <= '0';

           wait for 10ns;
         clk <= '0';
         pr <= '1';
         clr <= '1';
         j <= '0';
         k <= '1';
         wait for 10ns;
          clk <= '1';
           pr <= '1';
         clr <= '1';
         j <= '0';
         k <= '1';
                   wait for 10ns;
         clk <= '0';
         pr <= '1';
         clr <= '1';
         j <= '1';
         k <= '0';
         wait for 10ns;
          clk <= '1';
           pr <= '1';
         clr <= '1';
         j <= '1';
         k <= '0';
```

시뮬레이션 결과는 다음과 같다.

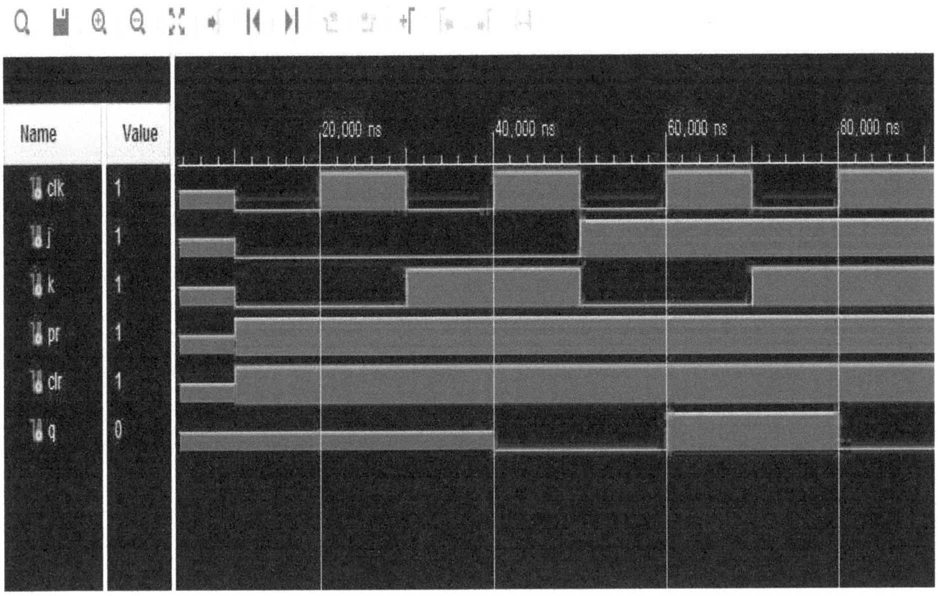

초기 clr을 0으로 인가했을 때 시뮬레이션 결과는 다음과 같다.

```
stimuli : process
   begin
       wait for 10ns;
       clk <= '0';
       pr <= '1';
       clr <= '0';
       j <= '0';
       k <= '0';
       wait for 10ns;
        clk <= '1';
         pr <= '1';
       clr <= '1';
       j <= '0';
       k <= '0';

      wait for 10ns;
       clk <= '0';
       pr <= '1';
       clr <= '1';
       j <= '0';
       k <= '0';
```

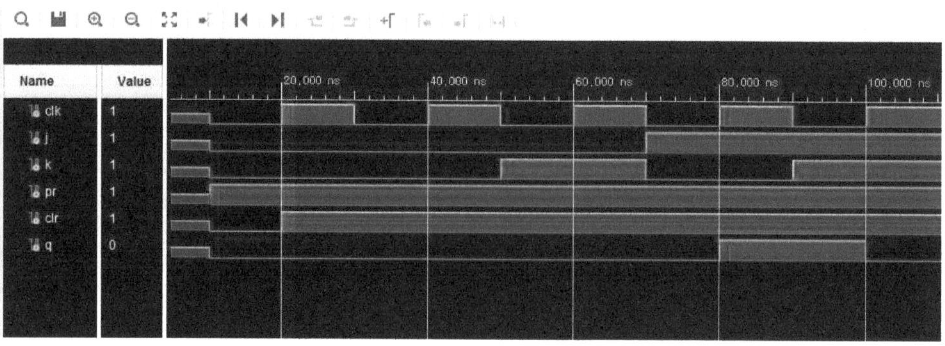

초기 preset을 0으로 인가했을 때 시뮬레이션 결과는 다음과 같다.

```
stimuli : process
   begin
       wait for 10ns;
       clk <= '0';
       pr <= '0';
       clr <= '1';
       j <= '0';
       k <= '0';
       wait for 10ns;
        clk <= '1';
         pr <= '1';
       clr <= '1';
       j <= '0';
       k <= '0';

      wait for 10ns;
       clk <= '0';
       pr <= '1';
       clr <= '1';
       j <= '0';
       k <= '0';
```

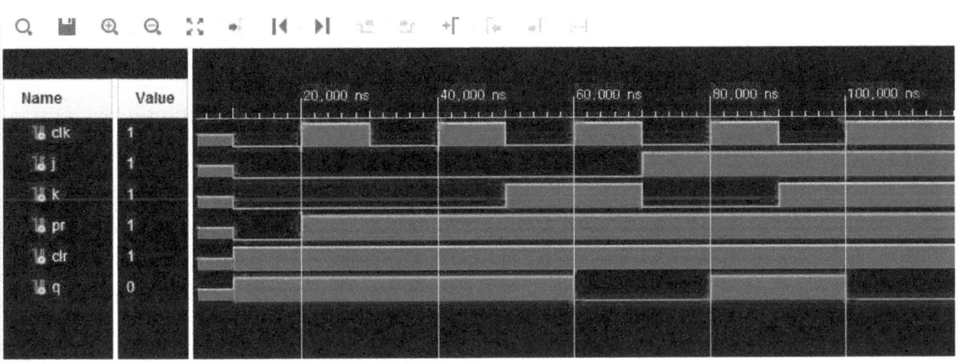

11-4 과제

1. 서술형문제

1-1. Active low 로 동작하는 preset과 clear 단자를 가지는 D flip flop을 VHDL로 설계하고 진리표와 같은 결과를 보이는지 시뮬레이션 결과를 보여라.

1-2. Active low 로 동작하는 preset과 clear 단자를 가지는 jk flip flop을 VHDL로 설계하고 진리표와 같은 결과를 보이는지 시뮬레이션 결과를 보여라.

2. 단답형문제

순서논리회로(Sequential Logic Circuit)는 내부에 ____________________ 를 포함하고 있어서 출력을 결정하는 요소가 현재의 입력과 과거의 입력 즉 현재 기억소자내의 저장 값에 의해 결정되는 것이다.

3. 선다형문제

3-1. D Flip Flop에서 1을 저장 (SET) 하기 위한 입력은?

가. D 에 1을 입력

나. D 에 0을 입력

다. 클럭에 1을 입력

라. 클럭에 0을 입력

3-2. JK Flip Flop에서 1을 저장 (SET) 하기 위한 입력은?

가. J 에 0을 입력하고 K에 0을 입력한다.

나. J 에 0을 입력하고 K에 1을 입력한다.

다. J 에 1을 입력하고 K에 0을 입력한다.

라. J 에 1을 입력하고 K에 1을 입력한다.

12 LAB 레지스터 (Register)

12-1 실습목적

1. Register

12-2 사용 장비 및 소모품

Vivado가 설치되어 있는 컴퓨터

12-3 실습

플립플롭은 1개의 비트를 저장할 수 있는 기능을 수행한다. 플립플롭을 여러 개 사용하여 적절히 연결하면 여러 비트들을 저장할 수 있는 레지스터를 만들 수 있다. 레지스터는 CPU 내부에서 연산의 중간 값 및 최종값을 임시 저장하기 위해 여러 비트들을 저장하거나 데이터를 이동시키거나 쉬프트를 하여 곱셈 등의 연산을 목적으로 사용된다.

1. 데이터의 저장
   새로운 클럭이 주어지기 전까지 이전의 데이터를 저장한다.

2. 데이터의 연산
   쉬프트를 이용하여 곱셈 또는 나눗셈을 수행한다.

3. 데이터의 이동

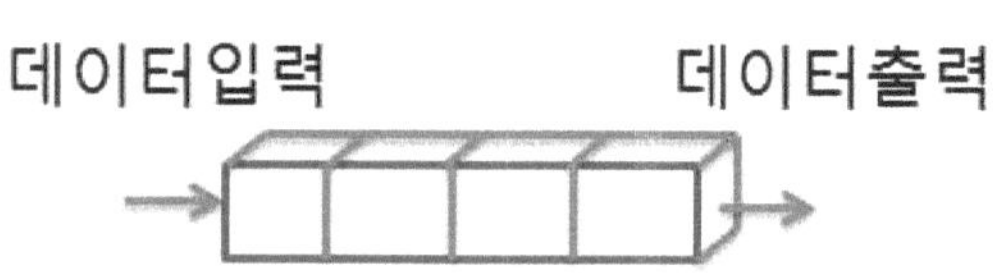

직렬입력,직렬출력,오른쪽쉬프트

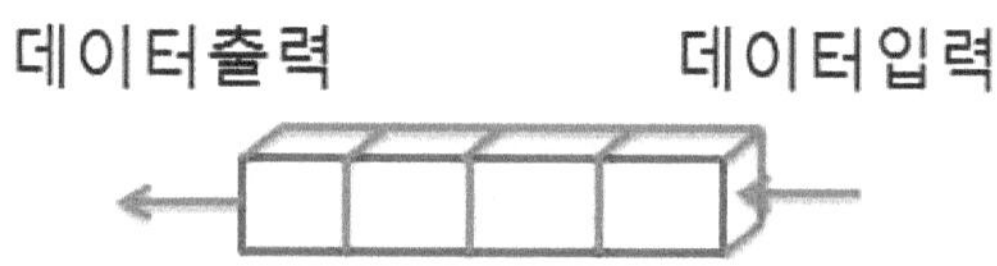

직렬입력,직렬출력,왼쪽쉬프트

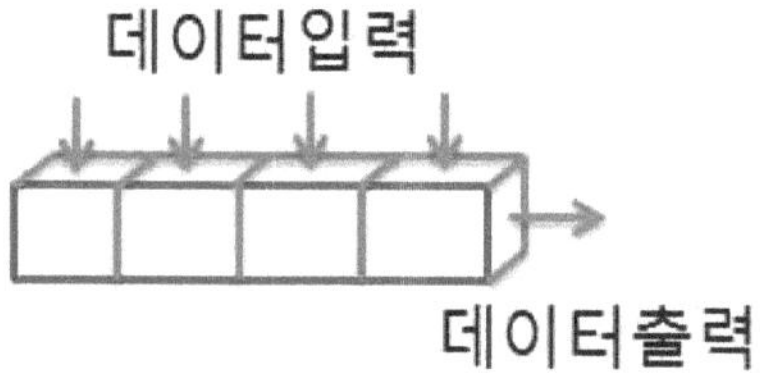

병렬입력,직렬출력

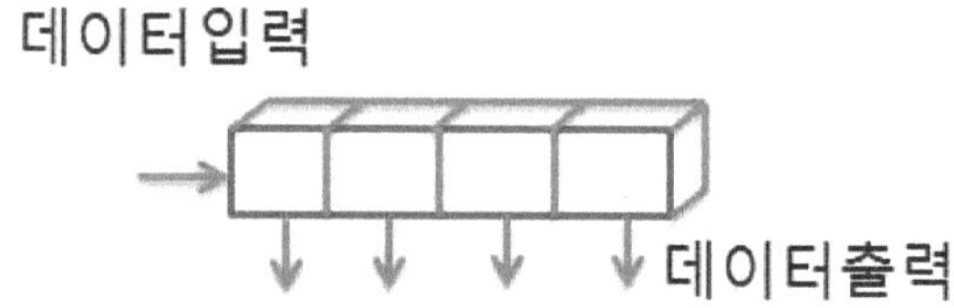

직렬입력,병렬출력

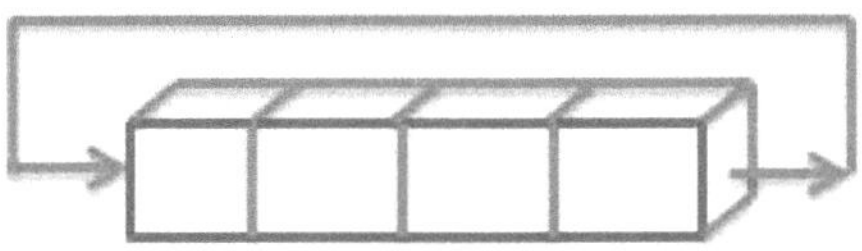

오른쪽로테이트

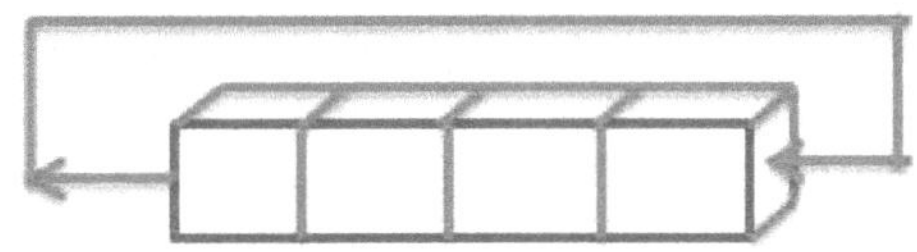

왼쪽로테이트

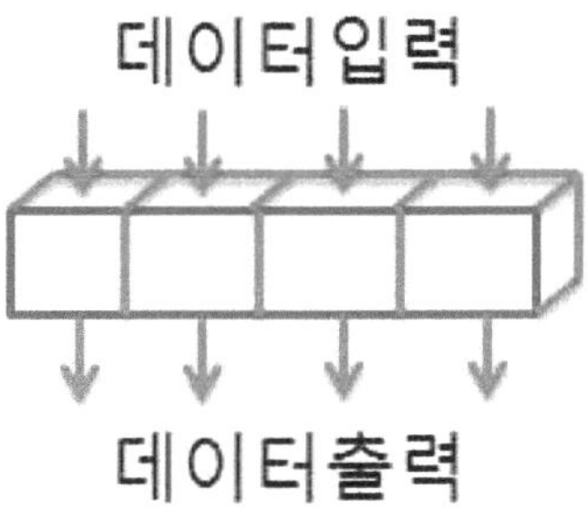

병렬입력,병렬출력

1. 4bit right shift register

다음은 D flip flop의 진리표와 기호를 보여주고 있다.

D	Q(t+1)
0	0
1	1

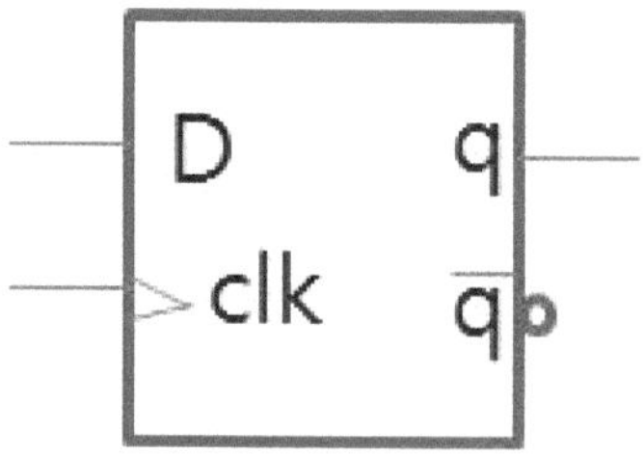

D flip flop을 다음과 같이 배치하면 4비트 쉬프트 레지스터를 만들 수 있다.

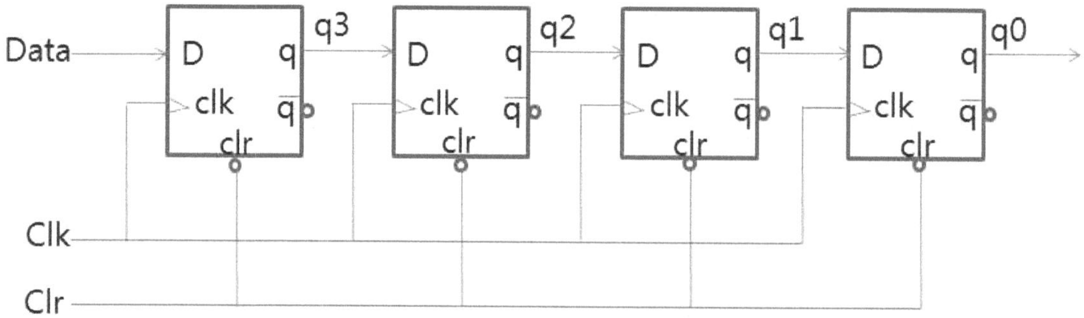

소스파일은 다음과 같다.

```
library IEEE;
use IEEE.STD_LOGIC_1164.ALL;

entity shiftregister4 is
                              Port (data, clk,clr : in std_logic;
                                    q : out std_logic_vector(3 downto 0) );
end shiftregister4;

architecture Behavioral of shiftregister4 is
signal qt : std_logic_vector(3 downto 0);
begin
            process(clk, clr)
            begin
                        if clr = '0' then
                            qt <= "0000";
                        elsif rising_edge(clk) then
                            qt(3) <= data;
                            qt( 2 downto 0) <= qt(3 downto 1);
                        end if;
            end process;
            q <= qt;
end Behavioral;
```

test bench 파일은 다음과 같다.

```
stimulus: process
  begin
    wait for 10ns;
    clr <= '0';
    clk <= '0';
    data <= '1';
    wait for 10ns;
    clr <= '1';
    clk <= '1';
    data <= '1';

    wait for 10ns;
    clr <= '1';
    clk <= '0';
    data <= '0';
    wait for 10ns;
    clr <= '1';
    clk <= '1';
    data <= '0';
     wait for 10ns;
    clr <= '1';
    clk <= '0';
    data <= '0';
    wait for 10ns;
    clr <= '1';
    clk <= '1';
    data <= '0';
```

시뮬레이션 결과는 다음과 같다.

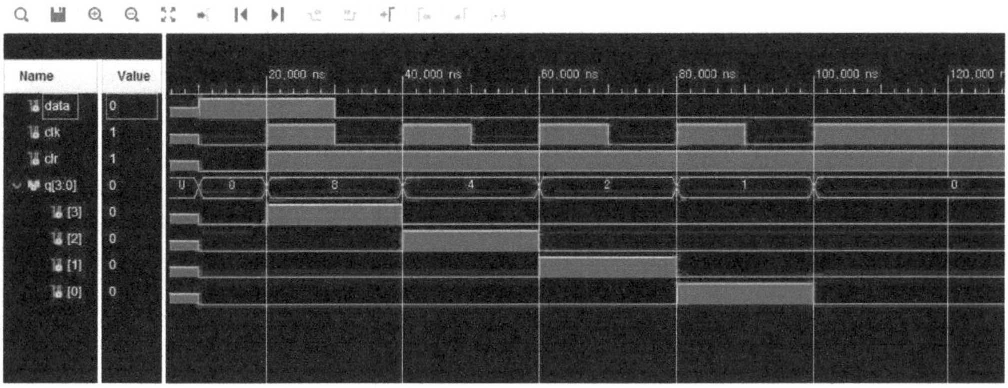

2. 동기식 2 비트 상향 카운터의 동작적 VHDL 설계

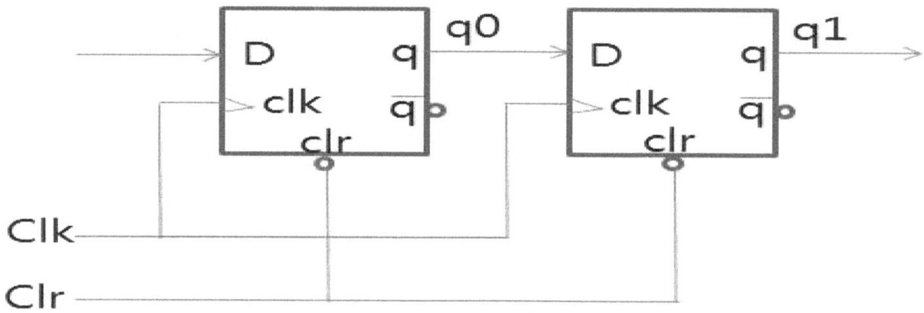

소스파일은 다음과 같다.

```
library IEEE;
use IEEE.STD_LOGIC_1164.ALL;
use ieee.std_logic_unsigned.all;

entity counter4state is
                    Port ( clr, clk : in std_logic;
                           q : out std_logic_vector(1 downto 0) );
end counter4state;

architecture Behavioral of counter4state is
      signal qt : std_logic_vector(1 downto 0);
begin

      process ( clk, clr)
      begin
             if( clr = '0') then
                qt <= "00";
             elsif ( rising_edge(clk) ) then
                qt <= qt +1;
             end if;
      end process;
      q <= qt;
end Behavioral;
```

test bench 파일은 다음과 같다.

```
stimulus: process
begin
    wait for 10ns;
    clr <= '0';
    clk <= '0';


    wait for 10ns;
    clr <= '1';
    clk <= '0';

    wait for 10ns;
    clr <= '1';
    clk <= '1';

    wait for 10ns;
    clr <= '1';
    clk <= '0';

    wait for 10ns;
    clr <= '1';
    clk <= '1';

    wait for 10ns;
    clr <= '1';
    clk <= '0';

    wait for 10ns;
    clr <= '1';
    clk <= '1';
```

시뮬레이션 결과는 다음과 같다.

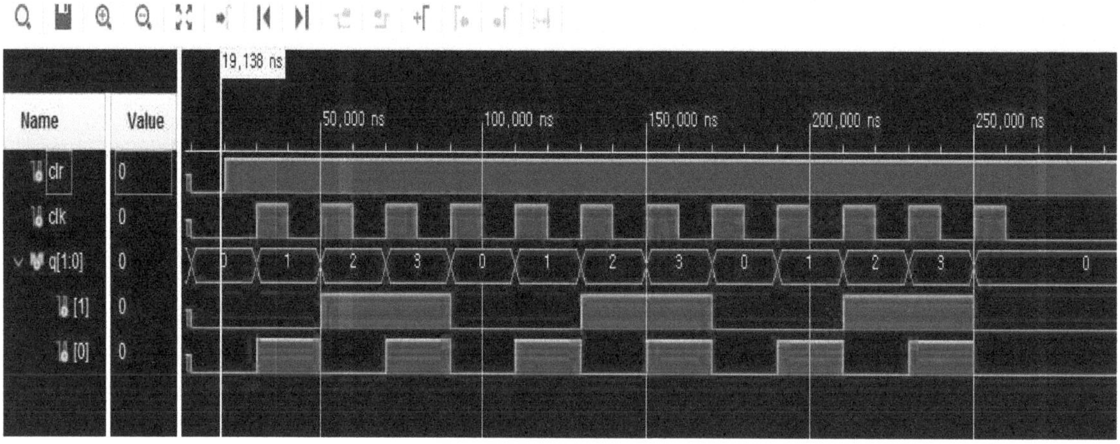

12-4 과제

1. 서술형문제

1-1. 8bit right shift register를 VHDL로 설계하라.

1-2. 동기식 4 비트 상향 카운터를 동작적 모델링으로 VHDL 설계하고 시뮬레이션 결과를 보여라.

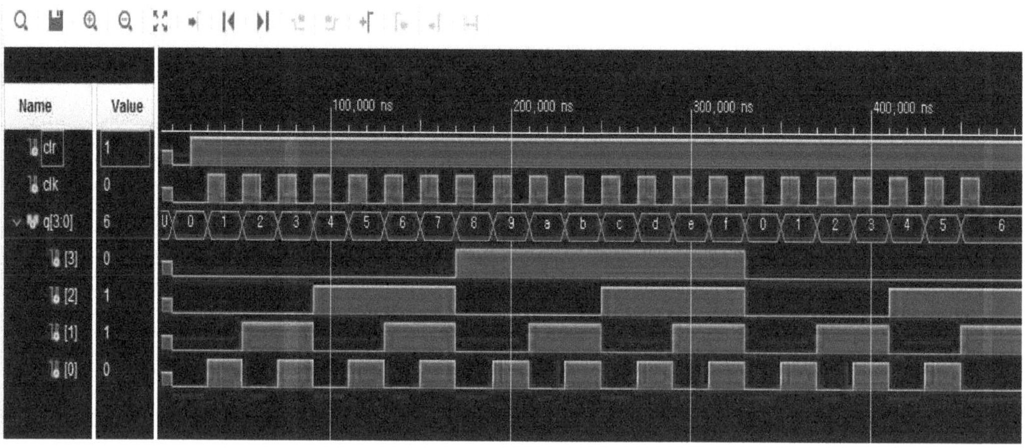

2. 단답형문제

플립플롭을 여러 개 사용하여 적절히 연결하면 여러 비트들을 저장할 수 있는 ____________ 를 만들 수 있다.

3. 선다형문제

3-1. 다음 중 레지스터의 기능이 아닌 것은?

가. 저장
나. 이동
다. 연산
라. 복사

3-2. 레지스터는 가장 빠른 기억장소이다. 어느 곳에 위치하는가?

가. 하드디스크
나. USB
다. CPU
라. Mother Board

13 LAB 카운터 (Counter)

13-1 실습목적

1. 링카운터 VHDL 설계
2. 존슨카운터 VHDL 설계

13-2 사용 장비 및 소모품

Vivado가 설치되어 있는 컴퓨터

13-3 실습개념

카운터는 어떤 event의 발생을 나타내는 입력신호들을 세어서 그 값을 출력하는 순서논리회로이다. 카운터는 동작 특성에 따라 비동기식 카운터(Asynchronous Counter)와 동기식 카운터(Synchronous Counter)로 나누어 볼 수 있다.

비동기식 카운터는 공통 클럭을 사용하지 않기 때문에 플립플롭들의 동작시간이 서로 일치하지 않는 방식의 카운터로서 한 플립플롭의 출력이 결정되면 다음 플립플롭이 그 값을 받아서 동작을 수행하는 방식이다. 동기식 카운터는 하나의 공통 클럭이 카운터의 모든 플립플롭으로 동시에 인가되기 때문에 플립플롭의 동작시간이 모두 일치되는 방식의 카운터이다.

1. 링카운터

링카운터는 임의의 시간에 한 개의 플립플롭만 논리1이 되고 나머지 플립플롭은 논리 0이 되는 카운터이다. 논리 1을 클럭의 입력에 의해 그 위치가 한쪽 방향으로 순환한다.

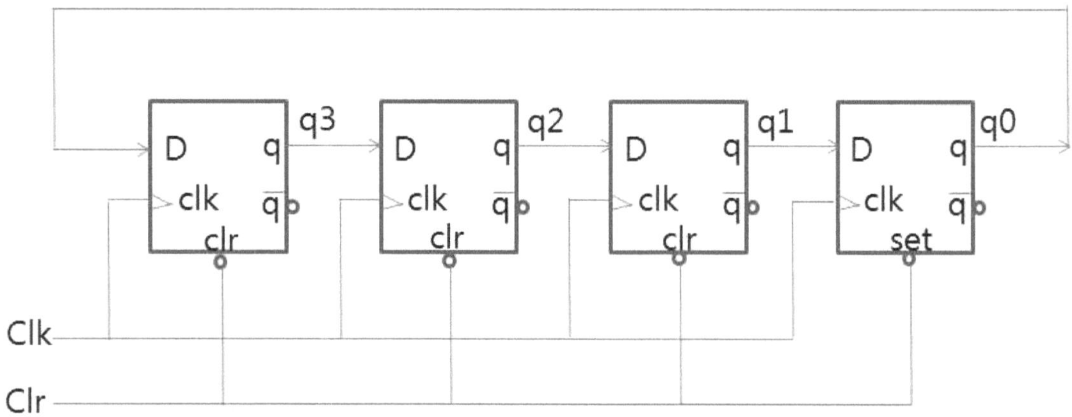

Ring Counter

q3	q2	q1	q0
0	0	0	1
1	0	0	0
0	1	0	0
0	0	1	0
0	0	0	1
1	0	0	0
0	1	0	0
0	0	1	0
0	0	0	1

소스파일은 다음과 같다.

```
library IEEE;
use IEEE.STD_LOGIC_1164.ALL;

entity ring4 is
                    Port ( clk, clr : in std_logic;
                           q : out std_logic_vector(3 downto 0) );
end ring4;

architecture Behavioral of ring4 is
      signal qt : std_logic_vector(3 downto 0);
begin
      process(clk, clr)
      begin
                if (clr = '0') then
                    qt <= "0001";
                elsif (rising_edge(clk)) then
                     qt(3) <= qt(0);
                     qt(2 downto 0) <= qt(3 downto 1);
                end if;
      end process;
      q <= qt;
end Behavioral;
```

test bench 파일은 다음과 같다.

```
stimulus: process
  begin
    wait for 10ns;
    clr <= '0';
    clk <= '0';

     wait for 10ns;
    clr <= '1';
    clk <= '1';

     wait for 10ns;
    clr <= '1';
    clk <= '0';

      wait for 10ns;
    clr <= '1';
    clk <= '1';

       wait for 10ns;
    clr <= '1';
    clk <= '0';

      wait for 10ns;
    clr <= '1';
    clk <= '1';
```

시뮬레이션 결과는 다음과 같다.

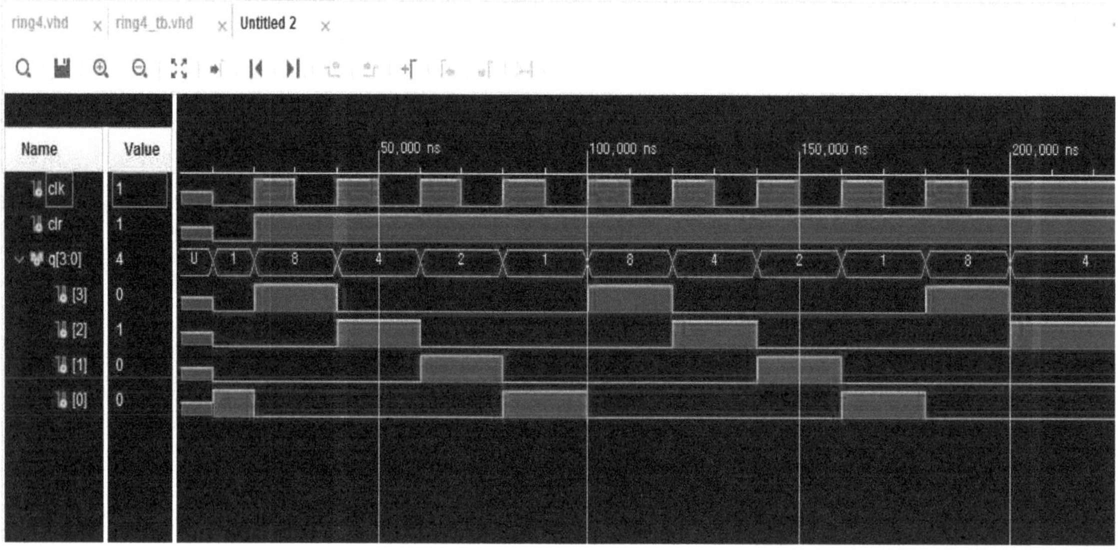

2. 존슨카운터(Johnson Counter)

존슨 카운터(Johnson Counter)는 Twisted-ring counter라고도 한다. 마지막 D 플립플롭의 Q' 신호가 왼쪽 플립플롭의 입력에 연결되는 카운터이다. 다음은 4비트 존슨 카운터의 상태는 8가지 상태값을 가진다. 일반적으로 n비트 존슨 카운터는 2n 개의 상태를 가지게 된다. 즉 동일한 수의 플립플롭을 가지고 링카운터의 2배의 출력을 나타낼 수 있다. 링카운터는 4개의 플립플롭을 이용하여 4가지 상태를 나타낼 수 있지만 존슨 카운터는 4개의 플립플롭으로 8개의 상태를 표현 할 수 있다.

4 bit Jonson counter를 VHDL로 설계

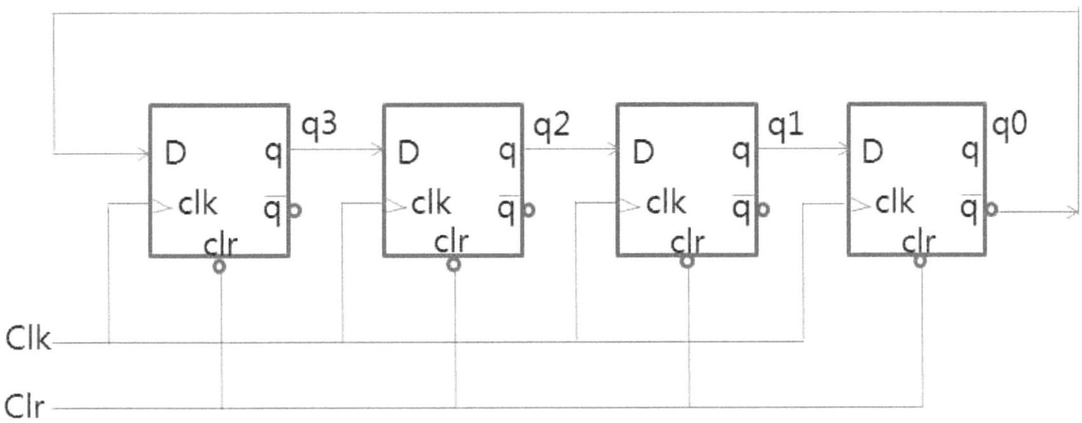

q3	q2	q1	q0
0	0	0	0
1	0	0	0
1	1	0	0
1	1	1	0
1	1	1	1
0	1	1	1
0	0	1	1
0	0	0	1
0	0	0	0

소스파일은 다음과 같다.

```
library IEEE;
use IEEE.STD_LOGIC_1164.ALL;

entity johnson is
                              Port ( clk, clr : in std_logic;
                                     q : out std_logic_vector(3 downto 0) );
end johnson;

architecture Behavioral of johnson is
      signal qt : std_logic_vector(3 downto 0);
begin
      process(clk, clr)
      begin
             if(clr = '0') then
                 qt <= "0000";
             elsif(rising_edge(clk)) then
                 qt(3) <= not qt(0);
                 qt(2 downto 0) <= qt(3 downto 1);
            end if;
      end process;
      q <=qt;
end Behavioral;
```

test bench 파일은 다음과 같다.

```
    wait for 10ns;
     clr <= '0';
     clk <='0';

     wait for 10ns;
     clr <= '1';
     clk <='1';
       wait for 10ns;
     clr <= '1';
     clk <='0';
       wait for 10ns;
     clr <= '1';
     clk <='1';
       wait for 10ns;
     clr <= '1';
     clk <='0';
       wait for 10ns;
     clr <= '1';
     clk <='1';
       wait for 10ns;
     clr <= '1';
     clk <='0';
       wait for 10ns;
     clr <= '1';
     clk <='1';
```

시뮬레이션 결과는 다음과 같다.

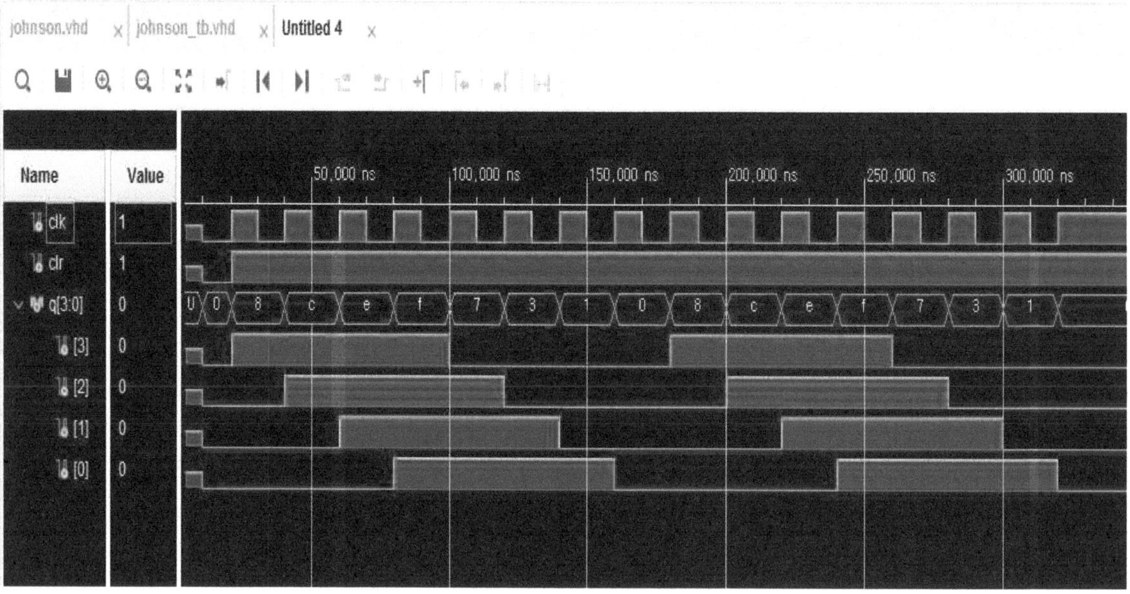

13-4 과제

1. 서술형

1-1. 4bit 링카운터를 VHDL방식으로 설계하고 시뮬레이션 하라.

1-2. 4bit 존슨 카운터를 VHDL방식으로 설계하고 시뮬레이션 하라.

2. 단답형문제

___________ 는 임의의 시간에 한 개의 플립플롭만 논리1이 되고 나머지 플립플롭은 논리 0이 되는 카운터이다. 논리 1을 클럭의 입력에 의해 그 위치가 한쪽 방향으로 순환한다.

3. 선다형문제

3-1. 다음 중 4 bit 링카운터가 가지는 state 개수는?

가. 1 state

나. 2 state

다. 4 state

라. 8 state

3-2. 다음 중 4 bit 존슨카운터가 가지는 state 개수는?

가. 1 state

나. 2 state

다. 4 state

라. 8 state

참고문헌

1. 디지털시스템설계 및 실습, 한빛아카데미, 2017
2. VHDL, 지식더하기, 2018
3. VHDL 기본과 활용, 그린, 2005
4. www.xilinx.com

▣ 著者略歷 ▣

박 창 욱
여주대학 지능로봇과 교수

Vivado를 이용한 VHDL실습

인　　쇄 : 2021년 12월 10일
발 행 일 : 2021년 12월 15일
저　　자 : 박 창 욱
발 행 처 : 도서출판 한산
경기도 고양시 덕양구 세솔로25번지 2212동 1903호
TEL : (02)304-3504　FAX : (02)304-3505
발 행 인 : 김 기 영
등록번호 : 제 10-1745 호
ISBN : 979-11-87555-36-0　　93560

정가. 20,000원